海洋灾害影响我国近海海洋资源开发的测度与管理

冯有良　葛翠萍　著

科学出版社
北　京

内 容 简 介

海洋灾害影响海洋资源开发的测度在海洋资源开发过程中具有重要作用，本书构建面向我国近海海洋资源开发的海洋灾害测度体系，从绪论、近海海洋资源开发相关理论研究综述、我国海洋灾害类型与时空分布规律、海洋灾害影响我国近海海洋资源开发的机理分析、海洋灾害影响近海海洋资源开发测度体系构建、海洋灾害影响我国近海海洋资源开发测度、近海海洋资源开发御灾管理国际经验、保障我国近海海洋资源开发的御灾管理实现路径等方面展开了详细而专业的论证。

本书既可以作为高等院校海洋类、管理类等相关专业的学习用书，也可以作为政府和企事业管理人员、工程技术人员的自学参考书。

图书在版编目（CIP）数据

海洋灾害影响我国近海海洋资源开发的测度与管理/冯有良，葛翠萍著. —北京：科学出版社，2018.7

ISBN 978-7-03-054303-5

Ⅰ. ①海… Ⅱ. ①冯… ②葛… Ⅲ. ①海洋-自然灾害-影响-近海-海洋资源-资源开发-研究 Ⅳ. ①P74

中国版本图书馆 CIP 数据核字（2017）第 211624 号

责任编辑：冯 涛 刘 栋 刘 杨 / 责任校对：张 曼
责任印制：吕春珉 / 封面设计：东方人华平面设计部

科学出版社 出版
北京东黄城根北街 16 号
邮政编码：100717
http://www.sciencep.com

北京虎彩文化传播有限公司 印刷
科学出版社发行 各地新华书店经销

*

2018 年 7 月第 一 版 开本：787×1092 1/16
2018 年 7 月第一次印刷 印张：11 1/4
字数：241 000

定价：79.00 元

（如有印装质量问题，我社负责调换〈虎彩〉）
销售部电话 010-62136230 编辑部电话 010-62135397-2032

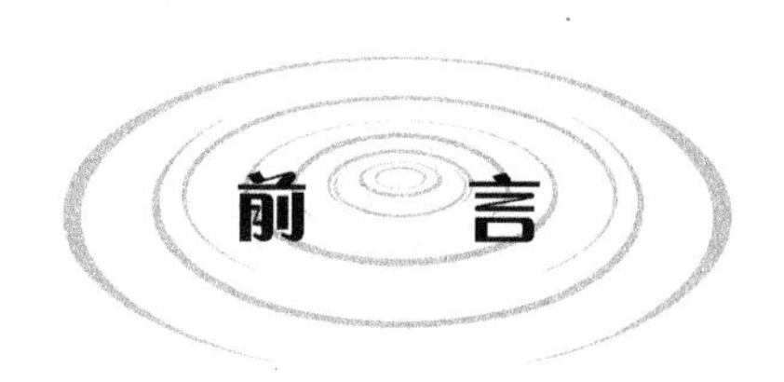

前言

自然资源是一个国家经济、社会蓬勃发展的基本要素之一。人类社会的存在和发展始终离不开自然资源。随着人类认知水平的不断提高和科学技术的快速发展，人类对自然资源的开发利用程度正逐渐加深。从古到今，自然资源开发经历了从单一地上到地上地下兼顾、从单一陆地到海陆兼顾的过程。广袤无垠的海洋蕴藏着极为丰富的生物、油气、矿产等自然资源。20 世纪 80～90 年代，美国率先制定了海洋开发战略，随后日本、英国、俄罗斯等国也先后制定了海洋开发战略。我国在 20 世纪 90 年代制定了《中国海洋 21 世纪议程》，提出把海洋资源可持续开发利用作为我国发展海洋事业的指导思想。

特殊的自然地理环境决定了海洋资源开发不同于陆地资源开发，除了技术、经济、生态环境等方面的制约因素外，海洋灾害是制约近海海洋资源开发的重要因素之一。鉴于此，作者在编写本书时立足于系统工程论、灾害学、可持续发展理论、协同学、海洋资源开发理论、海洋工程理论与方法做了如下研究工作（研究不包括港、澳、台）：第 1 章准确界定影响我国近海海洋资源开发的灾害管理的研究边界。第 2 章述评影响我国近海海洋资源开发的灾害管理的相关基础理论，对比测度海洋灾害的理论与方法。第 3 章对影响我国近海海洋资源开发的不同类型的海洋灾害发生的时间、空间、方位等特征进行统计分析，总结其发生的时空分布规律。第 4 章剖析海洋灾害影响我国近海海洋资源开发的致灾机理。第 5 章讲述海洋灾害影响我国近海海洋资源开发测度体系构建，构建致灾因子的定量测度模型，在考虑我国近海海洋资源开发的海域利用类型、自然地理环境、经济社会发展状况等基础上构建海洋灾害定性测度体系。第 6 章阐明我国近海海洋灾害影响海洋资源开发测度，经过定量计算和定性分析后得出特定海域海洋灾害影响海洋资源开发的情况。第 7 章是对近海海洋资源开发御灾管理国际经验的总结。第 8 章阐述保障我国近海海洋资源开发的御灾管理实现路径，从全灾种、全过程、全方位、全天候、全人员和全社会的角度寻求保障我国海洋资源开发的可行路径。

需要注意的是，2018 年 3 月，党的十九届三中全会通过了《中共中央关于深化党和国家机构改革的决定》和《深化党和国家机构改革方案》（以下简称《方案》）。《方案》中详细阐述了国务院组成部门及其他机构的调整情况。由于本书成书时正处于部门及机构调整期，故仍沿用旧称。

本书的出版得到科学技术国家级星火计划“北方沿海地区温室大棚片区防风技术应用（2015GA740058)”、山东省软科学项目“构建山东半岛海洋生态灾害应急机制的思路及对策研究——以赤潮、绿潮、溢油为例（2016RKB01169)”、潍坊学院博士基金项目“近海资源开发御灾管理研究（2014BS19）”的资助与支持，本书为以上3个项目的阶段性研究成果。

由于海洋资源开发与海洋灾害御灾管理领域的问题均为棘手难题，作者倾其全力权且成此拙作，其中难免会存在不少疏漏，故此书仅为抛砖引玉，恳请广大读者批评指正。

作　者

2017年7月

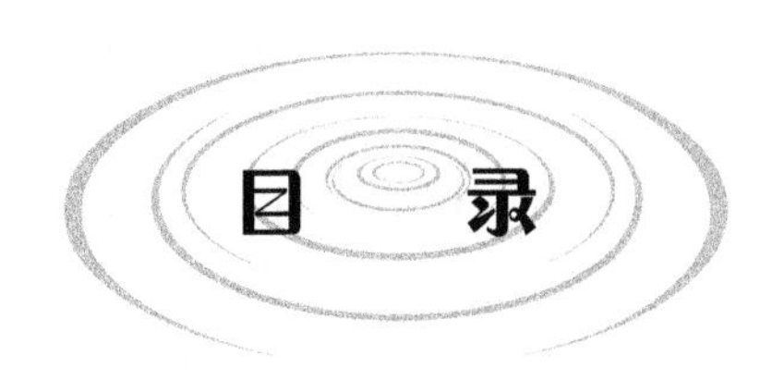

目录

第 1 章　绪　论

1.1　研究背景与意义

1.1.1　研究背景

资源是一定区域内拥有的物力、财力、人力等各种物质要素的总称，分为自然资源和社会资源。资源是任何一个国家经济、社会蓬勃发展的基本要素，人类社会的存在和发展始终离不开资源，同时人类社会的发展史也是一部改造自然、利用资源的历史。以开发利用自然资源为例，随着科学技术的进步，人类对自然资源的认识和开发利用程度不断加深。从古到今，人类对自然资源的开发利用，大致经历了从单一地上到地上地下兼顾、从单一陆地到海陆兼顾的进程。陆地资源的开发利用历史较长，且陆地都明确地属于某一主权国家，而海洋资源的开发利用历史较短、开发程度较低，尤其是国际公海的国际共有性，这些都导致海洋资源越来越成为人类研究和开发利用的重点。有专家学者断言 21 世纪是海洋的世纪，美国声称谁控制了海洋谁就能称霸世界，谁就能够获得最大的经济利益。因此，众多发达国家投入巨额资金，组织实施了与海洋资源调查、科研及开发利用相关的研究计划，以期获得开发利用海洋资源的优势。20 世纪 80 年代中期，美国在全球范围内率先制定了“全球海洋科学发展规划”，强调浩瀚无垠的海洋是地球上人类最后开发的疆域；进入 20 世纪 90 年代，美国政府又发表了《90 年代海洋科技发展报告》，该报告指出“发展海洋科技以满足人类对海洋资源不断的增长需求”，以期持续“保持和增强在海洋科技领域的世界领先地位”。统计显示，1996～2000 年美国先后投入 110 多亿美元用于民用海洋研究与开发；2002～2009 年，“小企业创新研究计划（small business innovation research，SBIR）”给予海洋水产业的资助金额累计超过 1187.5 万美元。同时，美国的部分军事战略家认为，21 世纪决定全球霸业的关键领域是海洋和太空。1995 年，英国中央政府海洋科技协调委员会发表了题为《90 年代英国海洋科技发展战略》的报告，指出要鼓励优先发展对实现海洋开发利用具有重大战略意义的先进海洋技术；英国政府部门从 1986 年开始列支海洋科技经费投入，1995 年投入的经费是 1985 年的两倍多，高达 4 亿英镑。陆地自然资源匮乏的日本非常重视近海海洋资源开发利用和海洋科技发展，1997 年日本内阁提出了面向 21 世纪的“海洋科技发展计划”和“海洋开发推进计划”，这两项计划均指出发展海洋基础科学和海洋开发高科技，提高国家开发利用海洋的综合竞争力。近年来，日本用于海洋开发的总投资占其国民生产总值的 0.35%以上。2005～2014 年，日本每年投入大约 10 亿美元用于海洋生物技术的研发，以及对新型能源——海底天然气水合物资源的勘探研究，并在日本南海海槽钻探，研发开采该种能源的技术方法与工艺设备。20 世纪 90 年代末至 21 世纪初期，日本在海洋高技术研发方面取得突破性进展，对美国的海洋霸主地位构成威胁。

在人口膨胀、资源短缺、环境恶化等问题日益突出的今天，海洋资源开发普遍受到世界各国政府的高度重视，海洋经济已经成为国民经济的重要组成部分。作为世界上最大的发展中国家，我国对海洋资源的可持续开发与保护日益重视，国家海洋局制定了《中国海洋 21 世纪议程》，提出把海洋资源可持续开发利用作为我国发展海洋事业的指导思想。中国也积极参加国际学术界组织的“国际地圈-生物圈计划（international geosphere-biosphere program，IGBP）”和“深海钻探-大洋钻探计划（deep sea drilling project-ocean drilling program，DSDP-ODP）”。我国组织了海洋资源调查、海洋资源开发相关的国家 863、973[1]研究项目，不同地区也组织实施了许多与海洋资源调查、海洋资源开发相关的研究项目。

海洋是地球生命的发祥地、风雨的故乡、五洲的通道，是人类的资源宝库。丰富的近海海洋资源是海洋产业发展的重要物质基础，如何处理好近海海洋资源开发、利用与保护之间的关系，是所有临海国家和地区海洋经济发展中面临的难题。

1. 海水资源——未来人类淡水的主要来源

尽管目前海水还不能被直接利用，但是海洋为人类发展提供了丰富的后备资源。地球整个水圈的总水量约为 1.386×10^6 万亿 m^3，海水总量占地球水圈总水量的 96%～97%。另外，海洋中漂浮的冰山也蕴藏着巨大的淡水资源，据估计，南极每年有大量的冰川破裂为冰山，如果把它们全部融化为淡水，世界上平均每人每年可获得几百吨淡水。澳大利亚、美国等国家的实验表明，将漂浮在南极的冰山拖运回本国融化成淡水，要比海水淡化的成本低。水资源不足是制约未来经济社会可持续发展的关键因素。我国水资源人均占有量只有世界平均水平的 25%。我国沿海地区是经济最发达、人口最多的地区，也是用水量最大的地区。除南方少数地区外，大部分沿海城市水资源不足，截至 2012 年，我国有近 90%的沿海城市缺水，经济损失逾百亿美元。在现代技术经济条件下，大生活用水、耐盐植物灌溉用水、工业用水等都可直接利用海水，通过淡化海水还可以作为饮用水。海水在解决沿海工业和大生活用水方面潜力巨大。

2. 海洋生物资源——未来人类生活的食物宝库

我国的耕地面积只占世界耕地总量的 7%，人口总量却占世界人口的 22%，粮食问题始终是我国首要解决的战略性问题。海洋是生物资源的宝库，海洋中已知的生物种类有 20 多万种，其中甲壳类约 2 万种，鱼类约 1.9 万种。海洋每年大约生产 1350 亿 t 有机碳，在保持生态基本平衡的条件下，每年可提供 30 亿 t 水产品，按照成年人每年所需食用量计算，可供至少 300 亿人食用[2]。

3. 海洋矿产资源——未来人类生产的重要原料基地

从理论上分析，海洋的矿产资源种类与陆地一样丰富，且种类之多、储量之大、范围之广都是陆地所不及的。就海洋矿物的元素性质而言，包括金属矿物元素（如钾、铁、镁、铜、金、银等）和非金属元素，基本包括自然陆地上所分布的 92 种元素，是人类未来可取之用之的矿物资源。海底矿产资源不仅包括电器化工、冶金机械、航空航天等所需的原材料，还包括当前海洋矿产业开发中产值最高的海底油气资源。据有关资料估算，已探明的海洋石油地质储量约为 1500 亿 t，占世界石油总地质储量的 40%左右。近 20 年来，全世界发现新油气田的 60%～70%是在海洋，其中绝大部分在大陆架区，较少量在深水陆坡区。海洋石油的产量从 1990 年的 9.07 亿 t 增加至 2016 年的 93 亿 t，约占世界石油总产量的 30%。

4. 海洋可更新能源——未来人类社会的新兴能源

海洋可更新能源作为一种新兴的能源，主要包括波浪能、海流能、潮汐能、盐差能及温差能。海洋可更新能源的能量密度较低，但由于其依附的介质面积巨大，所以其总蕴藏量较大，其中仅人类可利用的海洋波浪能总能量功率（根据理论计算）就高达 27 亿 kW。海洋可更新能源本身较难被人类直接利用，但是将其包含的能量转化为电能或者其他形式的化学能，就可为人类发展做出贡献。此外，海洋可更新能源具有占地少、污染轻、减小化石燃料消耗压力等优点。目前海洋可更新能源开发尚处于初期，随着经济社会发展需要能源量的增加、环境保护意识的增强，以及科技水平的进一步提高，海洋可更新能源将会得到充分高效的利用。

5. 海洋空间资源——未来人类生存的新空间

海洋占地球面积的71%，其面积约为 3.61 亿 km^2，它不仅为人类提供了捕捞、养殖、航运空间，还提供了人类社会发展所需的海上城市、海上娱乐场、海上工厂、海底隧道等新兴海洋工程的建设空间。海洋使沿海地区成为人口最密集，经济、社会和文化最发达的地区；广阔的海洋为沿海地带提供了十分优越的区位优势，便于国家、地区之间进行广泛的经济、文化交流；海洋调节气候的功能使得沿海地区气候温润适宜、空气清新，适合人类生存居住。世界上大约 60%的人口居住在距离海岸 100km 的沿海地区，全世界经济、社会、文化最发达的区域多位于沿海地区，狭长的海岸带为沿海地区居民解决居住用地、休养用地和提供食物做出了贡献。同时利用海洋立体空间和自然环境优势，开发建设供人类居住、生产、生活、科研和娱乐等日常性活动的场所，是人类从陆地空间向海洋空间跨越的关键一步，也是利用海洋空间资源的实质内容。

我国近海海域，北起渤海北岸，南到曾母暗沙，跨越37个纬度，南北长约4500km；东西向跨越20多个经度，宽约2000km；涵盖热带、亚热带和温带，蕴藏着丰富的海洋资源。我国海洋资源绝对值居世界前10位的包括海岸线长度、大陆架面积、200n mile（1n mile≈1852m）水域面积、海港分布密度等。海洋资源绝对量位居世界前列，是优势资源，但是海洋资源的人均量很低[3]。我国拥有大约473万km^2的海域面积，占我国国土总面积的30%，探明有已知海洋生物物种20 278种，占世界海洋生物物种总量的10%左右，其中具有海洋捕捞价值和应用价值的鱼类2500多种，可供捕捞生产作业的海洋渔场面积281万km^2，近海海域可捕捞量约占世界总量的5%；我国近海海域已探明海洋固体矿产资源有65种，总储量大约1.6亿t，且海洋石油天然气资源丰富，海洋石油探明储量为240亿t左右，海洋天然气探明储量超过$10^{12}m^3$，潮汐、波浪等各类海洋动力资源也非常丰富[4]。我国近海拥有超过1.8万km的大陆海岸线，沿海地带是我国人口密度最高、经济社会最发达的地区，自北向南依次形成环渤海湾经济圈、长江三角洲、珠江三角洲三大经济圈。改革开放以来，我国越来越重视近海海洋资源的开发利用，沿海地带海洋经济得到了持续、快速、健康、稳定的发展，沿海地区地区生产总值与海洋生产总值年均增长率保持在两位数百分比水平。尤其是进入21世纪以来，我国海洋资源开发与海洋经济发展更是进入了崭新阶段。到2016年，我国东部沿海11个省（自治区、直辖市）（不含港澳台地区，后同）的人口占全国人口总量超过40%，地区生产总值占全国GDP（gross domestic product，国内生产总值）的比例超过60%，而东部沿海11个省（自治区、直辖市）的地域面积仅占我国国土面积的13.45%；我国海洋生产总值更是从1979年的64亿元增长到2016年的6.8万亿元，增长了近1100倍，海洋生产总值对全国GDP的贡献也从1979年的1.58%上升到2016年的9.5%。应当说，沿海地区海洋经济的发展已成为影响我国国民经济整体走势的重要因素，我国正不断向海洋经济强国迈进[5]。

但是从另外一方面来讲，海洋资源的开发利用涉及管理、经济、技术、环境、法律法规等诸多学科，是一个复杂的系统工程。在海洋资源开发利用过程中易受到环境因素、技术因素、人为因素、气象因素等的干扰，尤其是环境因素和气象因素，与陆地资源的开发利用相比有其特殊困难。从国家海洋局发布的近20年的中国海洋灾害公报可以得到，风暴潮、海浪、海冰、海啸、赤潮等海洋灾害是影响我国海洋经济持续、健康、稳定发展的主要因素。要实现对海洋资源的合理、高效的开发利用，就必须建立一套包括防范、预测、预警、避险、救援等功能的御灾管理体系，并不断完善近海海洋灾害御灾管理机制。

1.1.2 研究目的及意义

当前世界人口剧增、环境恶化、陆地资源日趋枯竭，世界各国越来越认识到开发利用丰富的海洋资源是人类社会生存和持续发展的物质基础和环境条件。随着全社会对海洋产品与服务需求的不断扩大，我国越来越重视海洋资源的勘测与开发工作，先后制定了一系列海洋资源开发利用与环境保护的法律法规，为实现海洋经济持续稳定发展提供法律保障。然而，近年来海洋灾害对近海海洋资源开发及相关产业发展的影响有加重的趋势，且呈现出一定的周期性。海洋资源的开发利用、灾害管理涉及多个部门，是跨行业、跨区域的复杂问题。尽管国家制定了许多有关海洋事业发展的战略规划、政策、法律、法规，采取了多种管理措施，但海洋资源开发利用过程中的防灾御灾能力依然需要加强。笔者立足于系统工程论、灾害学、可持续发展理论、协同学、海洋资源开发理论、海洋工程理论与方法，结合已有研究成果，明确近海海洋资源开发的灾害因素的基本内涵，分析我国近海海洋资源的分布情况；通过收集到的资料，对影响我国近海海洋资源开发的主要海洋灾害发生的时间、空间、方位等致灾特征进行统计分析；找出影响我国沿海不同地区近海海洋资源开发的海洋灾害和致灾因子，深度剖析灾害影响近海海洋资源开发的机制；在掌握灾害作用机制的基础上，构建衡量灾害因素影响近海海洋资源开发程度的定量和定性测度模型体系，按照不同的重现期从不同的时间、空间、方位对灾害因素进行测度，得到测度结果；然后，从近海海洋资源分布、灾害影响严重程度、海洋经济发展水平等方面构建灾害因素评价指标体系[6]，对我国近海不同类型的海洋灾害影响资源开发的程度进行评估分级；接着对近海海洋资源开发御灾管理国际经验进行总结；最后，在借鉴发达国家海洋资源开发和海洋管理先进经验的基础上，寻找保障我国近海海洋资源开发的途径，以期为制定海洋事业发展战略及政策提供理论支撑，为我国近海海洋资源科学、高效开发利用和经济社会持续、健康、平稳运行提供参考。

首先，在熟悉研究背景、国内外研究现状的基础上，明确近海海洋资源开发的灾害因素的基本内涵、构成、属性、特征、影响范围等基本理论问题，使对该问题的研究更加规范、科学。现阶段我国海洋开发的基本政策是“大力发展海洋经济，科学开发海洋资源，培育优势海洋产业”，海洋资源科学合理的开发利用是发展海洋经济的基础和前提，也是培育优势海洋产业的前提。为此，建立量化的灾害因素测度模型和定性的灾害因素测度指标体系，在剖析灾害因素对海洋资源开发致灾机理的基础上，对各个灾害因素进行测度并得到测度结果；结合我国沿海地区海洋资源开发程度和海洋经济发展水平，找出影响我国沿海不同地区海洋资源开发的主要灾害因素（影响时间、强弱程度、影响范围等），以期对科学合理高效地开发利用海洋资源提供科学依据和理论支撑。最后，根据测度的结果有针对性地沿着灾害因素的预报、预警到防范、避险再到反馈、强化这条主线建立全过程全方位的灾害管理机制，并寻求保障我国近海海洋资源开发的现实路径，以期能够为近海海洋资源开发研究提供有意义的理论分析视角，增强海洋资源开发的科学性和前瞻性，提升理论研究对海洋开发管理实践工作的指导能力。

由于我国海洋资源开发与管理存在管理机构重叠、管理职能交叉、监管难度较大，开发主体在开发过程中存在盲目性等，缺乏协调合作和沟通而使海洋资源开发不当、开发过程中防灾御灾能力有限等问题得不到有效解决。近海海洋资源开发利用环境、海况差异较大，加之近海灾害因素发生不易准确预测，这给我国近海海洋资源开发带来了特殊的困难和极大的风险。海洋资源开发灾害因素测度与管理机制构建研究按照我国近海海洋资源分布和近海海洋灾害因素的属性特点构建灾害因素的测度体系，通过广泛收集我国近海海洋观测站的实测数据，结合国家海洋局等权威部门公布的观测数据、公报、年鉴资料，形成各个灾害因素的测度样本。这使得测度结果更加贴合实际、更具有参考价值。综合来看，本书所研究的内容有一定的实践应用价值。

1.2 国内外研究综述

以下从近海海洋资源开发进展、近海海洋资源开发灾害因素测度、近海海洋灾害管理 3 个方面述评该领域的国内外研究现状和发展动态。

1.2.1 近海海洋资源开发进展综述

下面从海洋资源开发战略、海洋资源可持续利用、海洋资源开发影响因素、我国近海海洋资源开发现状、国外近海海洋资源开发现状 5 个方面综述近海海洋资源开发进展。

1. *海洋资源开发战略*

国内外专家学者对海洋资源开发战略的研究主要集中在发展模型构建分析、技术对海洋资源开发的影响、海洋资源开发与环境保护的博弈、海洋资源开发对海岸带经济发展的推动作用、海洋资源开发的促进手段等方面。具体来说，Read 和 Fernandes[7]对海洋水产养殖业的环境影响进行了分析，并构建了相应的模型；Side 和 Jowitt[8]对海洋资源开发战略的发展趋势和管理模式进行了研究，认为技术在海洋资源开发过程中起到了极其重要的作用；Montero[9]对世界沿海国家的海岸带经济综合管理性规律进行了研究。海洋渔业、捕捞业是我国传统的主要海洋产业之一，国内专家学者在该方面的研究成果较多，代表性的有陆杰华等[10]研究了人口与海洋渔业资源之间的关系，并构建了人口与海洋渔业资源的系统仿真模型；董双林等[11]从近海水产养殖海洋生态系统结构出发，研究近海水产养殖生态系统的经济养殖容量；刘兰和鲍洪彤[12]分析了海洋渔业资源可持续利用的生态环境、技术、经济等制约因素，提出提高相关方可持续发展意识，强化海洋渔政管理是实现海洋渔业资源可持续利用的核心。研究优化海洋产业结构，转变海洋经济发展方式方面的专家学者较多，如陈吉余等[13]、王诗成[14]、蒋铁民和王志远[15]、徐朝旭[16]等。在保护近海海洋环境，实现海洋资源可持续开发方面的主要学者有刘兰和鲍洪彤[12]、安晓宁[17]、孙吉亭[18]、叶敏[19]等。另外，陈艳等[20]认为海洋资源开发利用需要财政和经济手段、法律手段、共同管理、行业自律及基于社区的管理机制和科研等，介绍了澳大利亚在其专属经济区内为实现海洋资源可持续利用与开发而制定的激励手段与政策支持，并提出设计激励手段时应遵循的原则和评估激励手段的标准。杨涵裕[21]分析了广西海洋资源开发利用的现状及存在的问题，并就广西北部湾经济区海洋资源开发提出策略和科学有效的建议、措施。王振荣等[22]以翔实的数据阐明我国海洋矿产资源极其丰富，海洋石油天然气资源的勘探与开发居首要地位，指出除开采滨海砂矿、煤、铜等固体矿产外，应特别重视海洋多金属结核、天然气水合物等矿产资源的勘探与开发。张珺[23]阐解了潮汐、波浪、温度差、盐度梯度、海流等形式的海洋能资源的特点，以及我国海洋能利用的现状。赵丽丽[24]在评价我国海洋资源及其开发利用的基础上，对海洋资源开发利用中出现的问题与面临的挑战，提出保障海洋资源可持续发展的"绿色GDP"对策，指出构建绿色经济核算体系的迫切性与科学性，对我国海洋资源如何实施"绿色GDP"提出切实可行的建议和对策。马涛和陈家宽[25]系统全面地分析了海洋资源的多样性、经济特性和未来开发的趋势，深刻剖析我国海洋资源开发过程中存在的主要问题。郑贵斌[26]指出海洋经济要全面、协调、健康、可持续发展，必须在目标导向层面上进行科学的战略选择，改变传统海洋资源开发单一定位的战略研究，运用"战略位"理论和"战略整合"主张，弥补海洋开发战略系统性研究的不足，解决了海洋经济发展中目标导向层面的战略选择问题。郑贵斌[27]还提出在海洋资源开发过程中要强化集成分析与研究，构建海洋资源开发集成创新、科学发展的整体思路和实现模式。

2. 海洋资源可持续利用

可持续发展理论形成于20世纪60～80年代。人类社会赖以生存发展的地球空间有限，所能提供的自然资源和能承受的人为污染有限，人口规模、社会经济的增长需求必然会使得人类将目光投注到新的、未知的空间领域。陆地资源的日渐枯竭和海洋资源的相对充足，促使社会经济增长新空间理论在海洋资源开发中得到运用和进一步发展，促成海洋可持续发展理论的形成[28]。1987年，挪威首相布伦特兰代表世界环境与发展委员会向全球发表的《我们共同的未来》是可持续发展理论正式诞生的标志。国内研究海洋资源可持续发展理论的学者也较多：①张德贤[29]指出海洋可持续发展包含3个方面，即海洋经济可持续、海洋生态可持续和社会发展可持续；②王诗成[14]指出海洋可持续发展是以保证海洋经济持续发展和海洋资源永续利用为目的，保持海洋经济发展与海洋环境相协调，实现经济效益、社会效益、生态效益相统一；③蒋铁民和王志远[15]也提出类似观点，他们指出海洋开发可持续发展就是要保证海洋经济增长的持续性、海洋生态环境的持续性和社会发展的持续性；④王芳和栾维新[30]全面分析了我国海洋资源管理的现状和存在的问题，认为在海洋资源开发利用过程中存在的资源产业形成率较低、海洋环境污染不断加重等问题不可忽视；⑤谢素美和徐敏[31]提出我国海洋渔业资源可持续发展的目标和以科学发展观指导海洋资源开发的设想；⑥马志荣[32]立足我国近海海洋资源开发与管理领域存在的问题，提出了制定海洋资源开发战略、加强海洋资源开发管理的对策；⑦孙群力[33]指出海洋经济是具有重要战略地位的区域经济；⑧白福臣和贾宝林[34]从海洋资源可持续利用实证研究、海洋管理、海洋政策和法律研究等方面进行述评，指出今后需进一步凝聚研究焦点，关注资源开发利用主体；⑨孙颖士和邓松岭[35]综述了近年海洋灾害对我国沿海渔业的影响；⑩刘佳和李双建[36]阐述了近几十年主要沿海国家海洋规划的概况，对我国海洋规划发展提出建议。

3. 海洋资源开发影响因素

影响我国近海海洋资源开发的因素主要有技术因素、管理因素、灾害因素、生态环境因素和其他因素。连琏等[37]从海洋油气资源及其勘探开发状况、国家及社会经济需求、国内外技术发展现状和趋势等方面进行内外部环境条件分析，明确了我国海洋油气资源开发所面临的挑战及与国际水平的差距，对制约我国该项技术领域和相关油气产业发展的瓶颈技术进行了分析，提出了我国海洋资源开发技术发展的战略目标和模式。张开城[38]介绍了浙江和广东的海洋文化资源开发利用和海洋文化研究情况，指出海洋文化资源是海洋资源重要组成部分，其蕴含的经济、社会、文化价值是推动海洋经济发展和文化繁荣的重要基础。於贤德[39]论述了海洋旅游的资源开发及其人文意义，提出强化海洋意识，开发出特色旅游资源，是海洋旅游业亟待解答的课题。王林昌和邢可军[40]探讨了海洋油气资源开发过程中产生的噪声、污染物、落海石油及溢油对渔业资源的影响，强调树立海洋生态环境价值观的重要性，呼吁建立海洋石油开发环境影响评价制度和完善海洋石油污染法律法规体系，在海洋石油开发企业生产过程中采用清洁生产技术等措施，最终实现海洋油气资源开发和渔业和谐发展。马婧[41]将海洋自然资源保护区与传统的渔业管理模式进行对比，提出了海洋自然资源保护区模式更能维持海洋生物的多样性和持续发展。

4. 我国近海海洋资源开发现状

刘波[42]介绍了江苏省海洋资源综合开发现状，探讨了海洋资源综合开发的路径和推进措施。邵桂兰和梁晓[43]认为在蓝色经济区建设中应树立大海洋战略资源观念，协调发展各海洋产业，遵循开发与保护并举的原则，同时政府应建立健全海洋法律法规体系。2009 年 4 月，国家主席胡锦涛视察山东时，提出“要大力发展海洋经济，科学开发海洋资源，培育海洋优势产业，打造山东半岛蓝色经济区”；蓝色经济区是以海洋资源产业为基础、以高新技术为支撑、海陆区域相统筹的高端产业聚集区。相关专家学者一致认为，一旦“陆海统筹、科学发展的山东半岛蓝色经济区”发展模式走向成熟，将会对完善我国沿海区域经济布局，提升山东省经济地位发挥重大作用。而海洋资源的高效开发利用是建立山东半岛蓝色经济区的重要环节。郑贵斌等[44]概述了山东沿海丰富的海洋文化资源，提出山东海洋文化资源转化为海洋文化产业优势的对策。张润秋[45]运用系统动力学建立辽宁省海洋资源可持续利用模型，根据模型模拟出的海洋资源开发利用状态的结果，优选出辽宁省海洋资源持续利用的优化调控取向，为政府部门规划海洋资源可持续利用提供系统科学参考。张耀光等[46]对辽宁省海洋资源的数量、空间分布进行评述，计算出辽宁沿海各个地区海洋资源丰度；重点探讨了经济增长与资源产出的关系，计算出辽宁沿海各地海洋经济资源丰裕度指数，通过对以上两个指标的对比得出海洋资源在地区经济发展中的基础作用。段晓峰和许学工[3]运用生态位态势理论和多边形综合指标法，以我国东部沿海 11 个省（自治区、直辖市）为研究对象，分析海洋资源利用综合效益的地区差异。结果表明，我国海洋资源利用效益的地区差异明显，从总体上看，我国东部沿海省份综合利用海洋资源的能力较低，提高资源利用效率和加强海洋灾害防范是绝大多数沿海地区需提升的能力。我国的海岸系数为 0.001 88，位居世界第 94 位，广大内陆地区利用海洋资源很不方便，因此沿海地区合理、高效、科学地开发利用海洋资源是保持我国海洋经济和国民经济高速、稳定、持续发展的关键。楼东等[47]分析了我国海洋资源基础及开发利用现状，运用灰色系统方法，对我国东部沿海各省份的主要海洋产业进行关联度分析和产值预测。马彩华等[48]通过分析渤海的海洋资源现状，发现人为因素是造成渤海海洋资源不可持续的主要原因，提出加大力度治理污染，改善渤海生态环境，从生态原则考虑资源的可持续利用。高亚峰[49]介绍了我国主要海洋矿产资源的分布情况。赵红艳和陈晔[50]介绍了江苏省沿海主要海洋灾害的类型及特点，重点分析海平面上升、赤潮、风暴潮 3 种海洋灾害的成因及影响，提出了相应的减灾对策。蔡一声[51]介绍了浙江省台州市椒江区海洋灾害应急管理、影响及海洋灾害情况。

5. 国外近海海洋资源开发现状

王四海和孙运宝[52]研究了俄罗斯大陆架海洋油气资源的分布、勘探程度、开发及投资趋势，发现俄罗斯海洋大陆架油气资源十分丰富，但分布明显不均匀。宋国明[53]介绍了英国在海洋资源开发和保护管理方面的做法和成功的经验。张秋明[54]介绍了美国在外陆架及海岸带环境评估与排他、外陆架开发与渔业、外陆架租售项目审批管理、濒危物种及海洋考古的关系等方面的方针政策。赵世明等[55]总结世界海洋风电发展历史及现状，指出我国海洋风电资源开发的优势条件，展望了海洋风电的前景，认为发展海洋风电对解决我国沿海地区能源短缺、实现经济社会可持续发展、保护环境等具有重要意义。江文荣等[56]通过对美国石油机构的数据库资料分析，认为世界海洋油气探明可开采储量为 1.3215×10^{12} 桶油当量，占全球含油气盆地总储量的 35.8%，主要分布在全球近海的

12 个区域且海洋待发现常规油气资源分布十分不均匀。尽管海洋深水区油气勘探开发受到恶劣环境、高风险、高技术的限制，但其资源潜力非常大，勘探前景好，受到发达国家、世界石油巨头及资源国的日趋关注。高亚峰[57]对比了加拿大与中国海洋地质灾害类型，指出海洋地质灾害研究的发展趋势，提出我国海洋地质灾害研究、防治的措施和建议。郭景朋和王雪梅[58]介绍了美国海洋文化的基本理论和主要概念。杨永增等[59]基于 MASNUM（marine science and numerical modeling，海洋科学和数值模拟）海浪数值预报系统的全球 10a 后报数据库资料，分析北印度洋区域波浪分布特征。

1.2.2 近海海洋资源开发灾害因素测度综述

1. 灾害因素定性测度

人类经历了从最初的海洋渔业资源开发利用到今天海洋空间资源、海洋能源等全面综合利用的过程。长期以来海陆发展是不平衡的，陆地资源更容易被优先获取，而海洋资源的获取从技术层面、开发难度、资源结构上讲都更加困难，获取成本也更高昂。所以，海洋资源开发与陆地资源开发在技术经济、限制因素、难易程度层面是存在差异的。孙鹏和朱坚真[60]运用寡头垄断市场的串谋模型、古诺模型对海洋资源开发从经济学角度进行系统分析，比较两个模型在海洋资源开发利用活动中的差异，证明了古诺模型下的海洋资源开发状况、国民经济发展现状是一种比较有效率的市场状态；从长远科学发展来看，应协调海陆发展，降低交易成本和统筹管理成本，逐步建立起独立性海洋开发机构。于谨凯等[61]运用系统动力学理论和方法，建立了海洋石油开发的系统动力学模型。该模型与海洋石油开发的历史数据拟合较好，误差在 20%～30%；研究结论得出投资是影响海洋石油开发可持续发展的主要因素，要维持油田的可持续发展，就必须增大总投资并努力提高技术。忻海平[62]对我国海洋资源经济价值的模型进行了分析。王华等[63]以 1985～2005 年影响东海区的冷空气、温带气旋和热带气旋为样本，采用 BP（back propagation，反向传播）人工神经网络技术，建立了东海区域灾害性海浪长期预测数值模型。海上自然破坏力的 90%来自海浪，仅仅 10%的破坏力直接来自于风。海浪特别是波高大于 4m 的巨浪，易造成恶性海难。在科技发达的今天，由狂风巨浪造成的海难仍然占世界海难的 70%。陈红霞等 [64]对我国近海波浪季节特征及其时间变化进行分析，得出冬季平均波高最大，南海北部、台湾海峡、中南半岛东南海域及吕宋海峡外侧是冬季大浪区；夏季平均波高最小；春、秋季为过渡期。尹宝树等[65]以承灾体为研究对象，针对海浪风暴潮漫堤灾害，提出风险评估标准及风险评估程式和方法。齐义泉等[66]认为人工神经网络可以提高海浪数值模拟的预报精度，但波高较大时，改进效果并不令人满意。许富祥和吴学军[67]介绍了我国灾害性海浪的危害及分布。许富祥等 [68]对 2009 年 4 月 15 日渤海、黄海北部灾害性海浪风暴潮过程进行了灾情成因分析和灾后反思。

2. 灾害因素定量测度

熊德琪等[69]建立了定量化评估溢油事故对海洋生物资源的数值评估模式。通过潮流数值模型、溢油迁移扩散模型获得海洋溢油污染的时空分布；利用生物暴露模型、急性毒性模型模拟不同种类的海洋生物的活动方式及暴露于油污时的急性毒性效应，得到溢油事故对海洋生物资源的损害评估结果。郑慧和赵昕[70]在分析了海洋灾害损失构成要素的基础上，构建风暴潮灾害损失评价指标体系；以数量级作为灾害损失定级标准，建立风暴潮灾模糊灾度5级分类表，利用模糊数学原理对风暴潮损失进行定级分类。孙璐等[71]基于实测的潮位、波浪数据和遥感资料，研究了2009年热带风暴GONI活动期间广东省台山市广海湾内风暴潮和灾害性海浪产生发展的过程，记录海表温度、最大波高、有效波高、风暴增水等的变化规律。在近海和陆架海区，海浪是决定该区物理环境的主要因素之一，是对于海洋预报和海洋监测有重要意义的物理量。因而掌握热带气旋引发的灾害性海浪的特征变化规律，对提高海浪预报的准确度，为海浪防灾减灾服务都是非常关键的。叶雨颖等[72]对福建东山湾一个月的实测海况资料进行统计分析和频谱分析，得出海浪的波高和周期分布，特征波要素与频谱关系。风浪是由风作用于海面形成的，风向和风速的变化是影响海浪特征的最直接因素。冯芒等[73]分析用于近岸波浪计算的Boussinesq方程、缓坡方程、能量平衡方程3种数值计算模型，对各自存在的优缺点进行了详细比较。海浪包括涌浪、风浪和近岸浪3种，与人类实践活动关系最密切的是近岸浪，其对近岸海洋环境、工程建设和海洋资源开发等都有重大影响。陈子燊[74]基于Copula函数论述了波高与风速的联合概率分布，优点是其边缘分布可由不同的分布函数构成。陈子燊等[75]对比了广义极值分布函数、Weibull分布、Gumbel分布和皮尔逊III型分布的极值波高推算结果，表明广义极值分布能更好地拟合极值波高。国内研究人员采用多种分布函数计算设计波高要素，但对于采用何种分布函数尚无定论。陈子燊等[76]运用双变量核密度估计描述近岸地带波高和周期联合概率分布与波高、周期边缘密度分布，该方法能更好地显示具有多峰的波要素统计结构。董胜等[77]运用Poisson二维逻辑分布，计算海洋石油工程设计中极值风速与波高的联合概率，并与传统的设计标准进行比较。周道成和段忠东[78]验证了Gumbel逻辑模型是描述极值风速和有效波高联合分布的较理想概率模型，推算了不同重现期的极值风速和波高。

1.2.3　近海海洋灾害管理综述

1. 灾害综合管理

贺义雄[79]从资源资产化管理的视角探讨了我国海洋管理体制改革的理论依据，提出了我国海洋管理体制改革基本思路是构建所有权、管理权、使用权“三权分离”的海洋综合管理体制。孟庆武和任成森[80]认为海洋资源要实现科学开发，必须按照各种资源的不同属性和特点，灵活运用各种管理模式和开发模式。庄丽芳和薛雄志[81]介绍了厦门市海洋灾害综合风险管理发展历程及其管理理念和经验，厦门市运用海岸带综合管理（integrated coastal management，ICM）的相关理论，建立包括预警、备灾、响应和恢复等内容在内的海洋风险管理体系，通过完善应急预案、明确组织机构、加强科技支撑、宣传教育和应急保障等方面入手，实现由单一防御向综合灾害风险管理的转变，探索出适合沿海城市的海洋灾害综合风险管理模式。赵广涛等[82]阐述了今年来国际海洋地质灾害研究动态及进展，侧重介绍国外研究组织机构和相应研究计划。茅克勤等[83]介绍了CORS（continuously operating reference stations，连续运行参考站系统）测量技术在浙江省开展沿海重点区域海洋灾害风险评估研究，建立台风风暴潮漫滩数值模型过程中发挥了重要作用，其能够精确测量闸门、海堤和高程内插点等关键地理信息。高华喜[84]认为海洋灾害具有开放性与动态性、可预测性与不确定性等基本特征，对待海洋灾害最行之有效的方法是在海洋资源开发利用规划阶段就要考虑到海洋灾害，从风险管理与控制的角度编制海洋灾害风险区划并建立风险管理体系。叶祥凤和朱胜[85]以统计视角看海洋灾害的危害，得出规范海洋灾害统计工作的必要性，根据国际通用界定海洋受灾度标准，进一步细化海洋灾害统计五大指标体系。

2. 灾害应急管理

应急管理是政府针对突发事件进行预防监测、应急处置和恢复重建的全过程管理，欧美各国称之为“紧急事态管理”。董月娥和左书华[86]、左书华和李蓓[87]、叶涛等[88]分析了近20年我国海洋灾害的类型、危害、系统风险特征及防治对策。杜立彬等[89]对区域性海洋灾害监测预警系统的总体目标和需求进行了分析，着重阐述国内外区域性海洋灾害监测预警系统的研究进展。齐平[90]阐述了加强我国海洋灾害应急管理的重要性和必要性，从加强海洋灾害应急管理体制、机制和法制建设，加强应对海洋灾害能力建设，抓好预案制定和落实工作等5个方面对海洋灾害应急管理工作提出建议。姜国建[91]通过对比研究中国和美国的海洋灾害预报机制和管理体制，阐明我国很有必要建立海洋灾害及海洋环境监测预报的国际化、专业化机制和法制化管理体制。王爱军[92]认为风暴潮是影响我国沿海地区最严重的海洋灾害，提出通过建立沿海生态防护网、开发海洋灾害监测和预报系统、提高沿海地区防潮工程标准、实行海洋数据资料和信息共享等方法，减少海洋灾害损失。陈镜亮等[93]从自然灾害的属性、防灾观测预报、救灾等5个方面阐述了日本大地震给我国海洋防灾减灾工作的警示。白佳玉[94]从政府机构及职能划分、区域性合作等方面介绍了英国海上溢油事故应急处理机制。高志一等[95]研究基于线性海浪模型制作三维动画形式的海浪预报产品，并制作了首个能有效克服海浪有效波高等值线图信息不直观缺点的三维动画海浪警报产品。颜梅等[96]以MICAPS（meteorological information comprehensive analysis and process system，气象信息综合分析处理系统）资料为基础，通过计算相似系数查找相似形式，制定了黄海、渤海24h大风客观预报方法，建立了首个该海域包括109个大风的历史个例资料库，该方法风速预报的平均误差接近20%。尹尽勇等[97]依据实时观测的海洋气象资料统计了冬季黄渤海海域8级和10级以上海上大风天气过程，根据1999～2005年中国渔船安全分析报告分析了大风和船损灾害的关系，得出冷空气大风是导致木质渔船出现风灾事故的主因。

刘德辅等[98-100]于20世纪80年代提出复合极值分布理论，并运用它对美国新奥尔良市、佛罗里达东部海岸及我国东南沿海海域的飓风极值风速进行预测，他们建议运用复合极值分布理论针对台风特征、致灾因素和防灾需求构造联合概率预测模式，建立台风灾害区划及相应防灾设防标准体系。葛耀君等[101]认为台风极值风速的估算应包括风速样本的采集与数据统计分析过程，对各类极值风速预测的数学模型在不同使用目的背景下的适用性进行了比较与评述。陈朝晖等[102]把常规风与飓风的极值风速预测分开评述，另外，崔云等[103]、余世舟等[104]、李发文等[105]、陈香等[106]、范海军等[107]、刘文方等[108]学者对自然灾害灾害链的形成、特征、预防、断链减灾等方面进行深入细致的基础和应用研究。他们着重评述了国内外近20年来在无飓风区域的常规风、有飓风区域的飓风极值风速概率统计及预测模型的研究进展。

1.3 主要研究内容与方法

1.3.1 主要研究内容

第1章为绪论。在明确研究背景与目的、熟悉国内外研究现状的基础上，准确界定我国近海海洋资源开发灾害管理的研究边界，阐述本书的整体研究思路，述评本书涉及的海洋灾害测度和评估的方法。

第2章为近海海洋资源开发相关理论研究综述。主要对海洋资源开发相关概念、海洋资源的构成、我国近海海洋资源的分布、近海海洋资源开发的原则进行阐述；分析研究近海海洋资源开发灾害因素的相关理论，对比测度灾害因素的理论与方法。

第3章为我国海洋灾害类型与时空分布规律。主要是对我国近海海洋灾害类型与时空分布规律进行剖析。针对影响我国近海海洋资源开发的主要海洋灾害发生的时间、空间、方位等特征进行统计分析，总结其发生的时空分布规律。

第4章为海洋灾害影响我国近海海洋资源开发的机理分析。主要是介绍我国近海海洋资源开发的现状，结合第3章对我国近海海洋灾害分布情况，对海洋灾害影响近海海洋资源开发的致灾机理进行剖析；理论联系实际，从影响近海海洋资源开发的程度和导致灾害发生两个层面进行分析。

第 5 章为海洋灾害影响近海海洋资源开发测度体系构建。作为研究的核心部分，本章在定性剖析近海致灾因子作用机理的基础上，考虑致灾因子影响海洋资源开发的特点，构建致灾因子的定量测度模型。然后在定性剖析近海主要海洋灾害致灾作用机理的基础上，考虑我国近海海洋资源开发的海域利用类型、自然地理环境、经济社会发展状况等方面的 14 个指标，构建海洋灾害定性测度体系。

第 6 章为海洋灾害影响我国近海海洋资源开发测度。主要是统计分析收集到的我国近海海域海况数据资料和相关文献，根据要测度的各个致灾因子形成不同的样本，根据海洋灾害对海洋资源开发的影响程度设定阈值，运用建立的定量测度模型对我国近海的主要致灾因子按照不同重现期从不同的空间、方位进行测度，最终得到致灾因子的定量测度结果。运用综合评价方法确定定性测度指标体系中的各个指标的权重系数，经过专家打分确定各个指标的数值，把计算出的定量测度结果代入定性测度指标体系，最终得到定性测度结果。海洋灾害影响我国近海海洋资源开发的定量测度结果反映的是海洋灾害的破坏强度；把定量结果代入定性测度指标体系，经过专家打分确定的是海洋灾害影响海洋资源开发的致灾概率。经过定量计算和定性分析后基本得出特定海域海洋灾害影响海洋资源开发的情况。

第 7 章为近海海洋资源开发御灾管理国际经验。总结与借鉴亚洲、欧洲、美洲有关国家在海洋资源开发、海洋灾害管理、海洋综合管理等方面的成功经验。着重参考以上各国在海洋灾害御灾管理组织、御灾管理运行机制、御灾管理法律保障体系等方面的先进做法，总结发达国家在海洋灾害管理和海洋资源开发方面的共同特点。

第 8 章为保障我国近海海洋资源开发的御灾管理实现路径。在以上各个部分研究结果的基础上，借鉴国外发达国家和地区在海洋管理方面的成功经验，确定我国海洋资源开发御灾管理的基本原则和思路，提出优化我国近海海洋资源开发御灾管理机制的建议，从海洋灾害日常管理、海洋灾害监测预报、海洋灾害事中控制和海洋灾害后恢复重建 4 个方面确定我国近海海洋资源开发御灾管理的实现路径。御灾管理涵盖主要海洋灾害和突发事件的日常管理工作、预防与应急准备工作、监测与预警工作、应急处置与救援工作、灾后恢复与重建工作。实现路径综合考虑灾害应急机制、灾害预防机制、灾害预警机制、御灾反应机制和灾害控制机制，从全灾种、全过程、全方位、全天候、全人员和全社会的角度寻求保障我国海洋资源开发的可行路径。

第 9 章为结语。总结全书所做的主要研究工作，得出相关结论，探讨进一步深入研究的方向。

1.3.2 主要研究方法

本书坚持归纳方法和演绎方法相结合、定性分析与定量计算相结合、规范分析与实证分析相结合、静态分析与动态分析相结合等原则，主要采用了以下几种研究方法。

1. 系统分析法

近海海洋资源开发的测度与管理涉及政府、企业、公众等主体，是一个复杂的系统过程。依据系统论中结构决定功能的理论，近海海洋资源开发的测度与管理的效率和效果取决于各个主体的协调配合、信息的传递共享和各种资源的优化配置等。

2. 理论建构与实证分析相结合

本书涉及管理学、经济学、灾害学、海洋学等学科，通过梳理以上学科的相关理论，认真归纳与整理大量文献，把握当前研究动态与趋势，将得到的主要结论作为研究选题及模型构建与选择的依据，准确界定近海海洋资源开发灾害因素的内涵、构成与属性，分析灾害因素的地域特点、差异、影响和致灾机理，阐释构建近海海洋资源开发灾害因素管理机制的作用和意义；借鉴国外发达国家海洋资源开发和海洋灾害管理的先进经验及发展演变，结合我国实际情况提出保障我国近海海洋资源开发平稳运行的实现路径。

3. 数据统计分析与实地调研相结合

为保证研究资料和数据的准确性、真实性和可靠性，本书将采用实地调研、网上搜索、电话询问、购买统计资料、发放调查问卷等多种方式，对我国东部沿海 11 个省（自治区、直辖市）及海域相关情况进行调查，并对收集获得的数据使用相应数理统计分析方法进行深入处理，从静态比较和动态演变的角度详细分析，为构建灾害因素的评价指标体系和定量计算所需样本奠定坚实基础。

4. 定量计算模型与定性分析模型相结合

根据在海洋工程、金融市场、保险业、环境及风险管理领域广泛应用的经典极值理论、复合极值分布理论构建适用于近海海洋资源开发灾害因素测度的 Gumbel 分布模型，一维、二维 Poisson-Gumbel 分布模型（以下简称 P-G 分布模型）。运用年极值法、过程极值法和阈值法形成不同计算样本，对我国近海海上大风、海浪、风暴潮等灾害因素进行定量测度。根据现代综合评价方法中的模糊综合评判法、人工神经网络评价模型，对我国近海海冰、海雾、赤潮等灾害进行定量测度。

5. 文献研究法

文献检索阅读几乎是所有研究必不可少的过程和方法。我们的研究需要充分地收集资料，进行文献调研，以便掌握有关科研动态、前沿进展，了解前人的研究现状、已取得哪些成果等。这是科学、有效地进行研究工作的必经阶段。文献的现代定义是“已发表过的或虽未发表但已被整理、报道过的那些记录有知识的一切载体”。“一切载体”，不仅包括图书、期刊、学位论文、科学报告、档案等常见的纸质印刷品，也包括实物形态在内的各种材料。关于近海海洋资源开发灾害因素测度与管理的研究，国内外已有的一系列研究资料为本研究提供了较好的研究基础，为本书研究思路的形成和分析框架的构建提供了很好的借鉴。在本书的相关研究中，笔者查阅了大量国内外文献，对于国内外近海海洋资源开发灾害因素测度与管理的研究情况有比较详细的了解。

另外，本书在构建我国近海海洋资源开发灾害因素管理机制时还要用到比较分析法、案例分析法等方法。

1.4 本书结构安排

1.4.1 研究边界界定

海洋资源是指海洋所固有的或分布在海洋地理区域内，可供人类开发利用的物质、能量、空间等。海洋资源包括海洋生物资源、海洋矿产资源、海洋能资源、海水及海水化学资源、海洋旅游资源、海洋空间资源 6 个大类，其中各个类别都可以进一步细分[109]。

在一定技术经济条件下，人们对海洋资源进行勘探、开采、加工、利用等的一切活动都可以称为海洋资源开发。开发海洋资源的深度和广度随着人们对海洋认识的丰富、科学技术的发展而进一步拓展。在海洋资源开发过程中，直接从海洋获取产品的生产和服务或者是直接应用于海洋和海洋开发活动的产品的生产和服务，如海洋渔业、海洋石油开发、海水化学工业等，这是海洋资源开发的一种形式；另外一种形式是利用海洋资源，但不以实物产品的形式直接满足人们的需求，如滨海旅游、海港建设、海上运输业等，这种海洋资源的开发是利用海水或者海洋空间作为生产过程的基本要素而进行的生产和服务；还有一种海洋资源的开发形式是与海洋密切相关的海洋科学研究、社会服务、管理和教育，如海洋文化产业。

本书中涉及的海洋灾害测度与管理主要以海洋气象灾害为主。在收集海况资料的基础上，统计分析数据资料，得到海洋气象灾害发生、发展的时空规律，进而对灾害进行预测预防、预警救援等管理工作，最终寻求一条有效的防灾减灾路径保障我国近海海洋资源的开发。

1.4.2 本书逻辑框架

本书逻辑框架如图 1-1 所示。

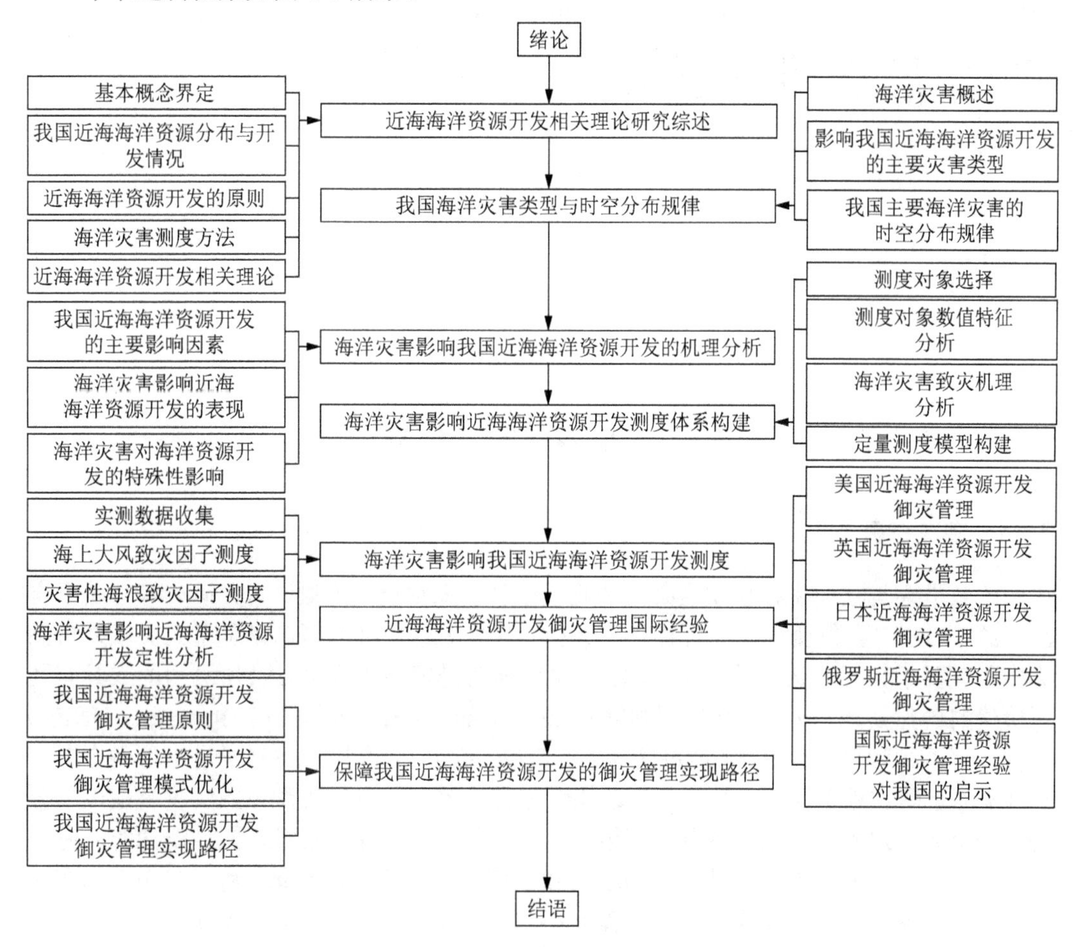

图 1-1 本书逻辑框架

第2章　近海海洋资源开发相关理论研究综述

2.1　基本概念界定

2.1.1　海洋资源

资源是人类社会生存和发展必需的物质条件，如空气、土壤、水、矿产等都属于自然资源。对于“自然资源”的解释有广义和狭义之分，广义的概念是除了人类以外自然界中所有要素都可以认为是自然资源；狭义的概念是能够被人类社会所利用的或具有利用价值的自然要素。联合国环境规划署（United Nations Environment Programme，UNEP）文件、《不列颠百科全书》（*Encyclopedia Britannica*）、我国的《科学技术百科全书》和《辞海》等文献都对“自然资源”的概念进行了界定。自然资源按照实物类型可以分为矿产资源、水资源、土地资源、气候资源、生物资源、海洋资源、旅游资源等。海洋资源属于自然资源，具有自然资源的本质和一切属性、特征，因此“海洋资源”也存在广义和狭义两种说法。狭义的海洋资源是指与海水水体本身有直接联系的物质和能量，如海洋生物、海水中的化学元素、海底的矿产等；广义的海洋资源在上述范畴的基础上，还包括海洋航线、海港、海湾、水产资源的加工、海洋能资源、海洋景观、海洋里的空间等。

2.1.2　海洋资源开发

海洋资源开发大致经历了3个阶段：第一阶段是从人类社会产生到距今两千多年前，属于海洋资源的原始利用阶段。人类利用十分简陋的工具，在近岸浅水海域获取海盐、鱼类、贝类等海洋资源。在这一阶段，人类对海洋的认识经历了由惧怕、陌生到逐渐认识、熟悉的过程，也为人类进一步开发海洋积累了经验。第二阶段是从距今两千年前到20世纪50～60年代，属于传统海洋资源开发阶段，经历了两千多年的时间。在这一阶

段，人们直接或者间接从事海洋产业活动，海洋产业产值比重随着时间推移不断加大，海洋产业初具规模，但是海洋运输、海水制盐、海洋捕捞等产业并未大规模兴起。第三阶段是从 20 世纪 60 年代开始，以海洋油气开发等新兴海洋产业的大规模兴起作为开始标志，属于现代海洋资源开发阶段。这一阶段海洋资源开发的突出特点：一是海洋技术不断进步，海洋遥感、声学技术、激光技术等现代科技不断应用于海洋资源开发，极大提高了海洋资源开发效率和人类开发利用海洋资源的能力；二是海洋资源开发广度和深度不断扩大，海洋产业日益增多，如海洋旅游、海水淡化、海底采矿等，海洋资源开发由近海向深海和远洋发展；三是海洋资源开发的产值越来越大，涉及海洋资源的物质产品不断增多，人们越来越认可这些产品，海洋经济的地位逐步提升。

2.1.3　海洋灾害

灾害是一个范畴广泛的概念，在不同学科中有不同解释，凡是对人的生命财产、自然环境、社会环境等造成危害的事件，都可以称为灾害，如地震、洪涝、火灾、疫病等。海洋灾害属于灾害范畴内源于海洋的自然灾害，是由于海洋自然环境或者气象条件变异或剧烈变化导致在海洋或海岸发生的灾害[110，111]。根据历年国家海洋局发布的《中国海洋灾害公报》可以看出影响我国近海的海洋灾害主要包括风暴潮灾害、海上强风（包括台风）灾害、海浪灾害、海冰灾害、海啸灾害、赤潮灾害、浒苔灾害、海水入侵与土壤盐渍化、咸潮入侵、海平面变化等。本书中涉及的海洋灾害测度与管理主要以海洋气象灾害为主。

2.1.4　海洋灾害管理

海洋灾害管理是一个合理有效地组织协调一切可以利用的资源，应对灾害事件的过程。海洋灾害管理涉及诸多环节和要素，纵向上包括海洋海况数据资料记录收集、海况监测预警、灾害灾情评估、灾害应急响应、抢险救灾与救援安置、卫生防疫与灾后重建等环节；横向上涉及海洋、气象、地质、环境保护、消防、安全生产监督、交通运输、电力、新闻等诸多政府部门和社会行业。因此，海洋灾害管理是一个极其复杂的系统过程。笔者在收集海况资料的基础上，统计分析数据资料，得到海洋气象灾害发生、发展的时空规律，进而对灾害进行预测预防、预警救援等管理工作，最终寻求一条有效的防灾减灾路径，保障我国近海海洋资源的开发。

2.2　我国近海海洋资源分布与开发情况

2.2.1　海洋资源分类

海洋资源属于自然资源，具有自然资源的一切属性和特征。由于海洋资源丰富多样、用途广泛，目前对海洋资源尚无统一的分类标准，尚未形成完善的、公认的分类方案。

按照自然资源的分类标准，根据海洋资源的属性和用途，把海洋资源分为海洋生物资源、海洋矿产资源、海洋能资源、海水及海水化学资源、海洋旅游资源、海洋空间资源6个大类，其中各个类别都可以进一步细分，如表2-1所示。

表 2-1　海洋资源分类

<table>
<tr><th>大类</th><th>类别</th><th>属性</th><th>用途</th></tr>
<tr><td rowspan="3">海洋生物资源</td><td>渔业生物资源</td><td>天然海洋生物</td><td>海洋渔业</td></tr>
<tr><td>养殖业生物资源</td><td>人工养殖海洋生物</td><td>海水养殖业</td></tr>
<tr><td>药用生物资源</td><td>具有药用价值的生物</td><td>生物制药</td></tr>
<tr><td rowspan="8">海洋矿产资源</td><td>海底石油资源</td><td>海底地下石油资源</td><td>石油工业</td></tr>
<tr><td>海底天然气资源</td><td>海底地下天然气资源</td><td rowspan="2">天然气工业</td></tr>
<tr><td>海底可燃冰资源</td><td>近海底固体天然气气体水合物</td></tr>
<tr><td>滨海砂矿</td><td>滨岸带砂及砂矿</td><td>建筑业、工业</td></tr>
<tr><td>海底热液矿床</td><td>半深海、深海热液矿床</td><td rowspan="4">工业</td></tr>
<tr><td>海底结核</td><td>半深海、深海含矿物结核</td></tr>
<tr><td>海底结壳</td><td>半深海、深海含矿物结壳</td></tr>
<tr><td>海底磷矿</td><td>海域中以磷为主的矿床</td></tr>
<tr><td rowspan="6">海洋能资源</td><td>波浪能资源</td><td>海洋中波浪运动的动能</td><td rowspan="6">电力工业
和动力工业</td></tr>
<tr><td>潮汐能资源</td><td>海洋中潮汐运动的动能</td></tr>
<tr><td>海流能资源</td><td>海洋中海流运动的动能</td></tr>
<tr><td>潮流能资源</td><td>海洋中潮流运动的动能</td></tr>
<tr><td>温差能资源</td><td>海洋中温差产生的动能</td></tr>
<tr><td>盐度能资源</td><td>海洋中盐度差产生的动能</td></tr>
<tr><td rowspan="5">海水及海水化学资源</td><td rowspan="4">海水水资源</td><td rowspan="4">海水具有水的属性，可脱盐淡化，提取淡水</td><td>人类饮用</td></tr>
<tr><td>工业</td></tr>
<tr><td>农业</td></tr>
<tr><td>畜牧业、养殖业</td></tr>
<tr><td>海水化学资源</td><td>海水中的各种化学元素</td><td>工业</td></tr>
<tr><td rowspan="4">海洋旅游资源</td><td>海水运动景观</td><td>由海水运动产生的特征景观</td><td rowspan="4">旅游业</td></tr>
<tr><td>海洋地貌景观</td><td>海岸带、岛屿及海面的景观</td></tr>
<tr><td>海洋生物景观</td><td>海洋生物的观赏性</td></tr>
<tr><td>海洋人文景观</td><td>人类在海洋中各种活动的遗迹</td></tr>
<tr><td rowspan="3">海洋空间资源</td><td>海底空间资源</td><td>海底底床附近空间</td><td>海底建筑</td></tr>
<tr><td>海面空间资源</td><td>海平面附近的空间</td><td>海面建筑</td></tr>
<tr><td>海水空间资源</td><td>海底与海平面间的海水水体空间</td><td>军事、海运</td></tr>
</table>

2.2.2　海洋资源分布的一般规律

海洋资源的形成和分布具有一定的自然规律，熟悉海洋资源分布是开发利用海洋资

源的前提。要掌握海洋资源的分布规律，我们需要首先了解海底地貌形态特点，从海岸向大洋方向延伸，海底地貌大致可分为以下 3 种，如图 2-1 所示。

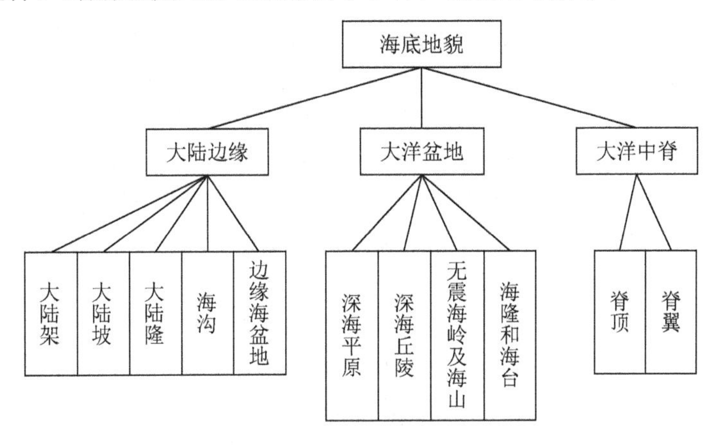

图 2-1　海底地貌种类

1）大陆边缘：大陆与海洋连接的边缘地带，由大陆架、大陆坡、大陆隆等部分组成。

2）大洋盆地：位于大陆边缘和大洋中脊之间，地形广阔平坦，几乎没有大的坡度，较为平缓，是海洋的主体部分。

3）大洋中脊：大洋底部的山脉或隆起，占海洋总面积的 32.7%。

海洋生物资源、海洋能资源、海水及海水化学资源分布于整个海洋海水水体中，其中海洋生物资源以大陆架的海床和海水水体为主；海洋旅游资源和海洋空间资源分布于从海洋海水表层到海底底床的整个空间领域；海洋矿产资源主要分布于大陆架和大洋底，具体分布情况如表 2-2 所示。

表 2-2　海洋资源分布的一般规律

名称	地理特点	分布资源
海岸带	海陆交互作用地带，包括海岸、海滩和水下岸坡，通常水深不超过 20m	金、铂、金刚石等滨海砂矿，生物资源、旅游资源、海运基地等
大陆架	从岸线到水深 200m 的区域，平均坡度 0° 4′～0° 7′，占海洋总面积的 7.5%，水浅且光照条件好，海水运动剧烈	海洋石油、天然气，滨海砂矿，海洋生物资源，海洋固体矿产资源，适合海水养殖
大陆坡	分开大陆和大洋的巨大斜坡，平均坡度 4° 17′，较陡，表面崎岖不平。水深范围 200～2500m	海流、潮汐等海洋能
大陆隆	位于大陆坡与大洋盆地之间，沉积物堆积而成，平均深度 3700m	海洋石油、天然气、硫、岩盐、钾盐、磷钙石、海绿石等海洋矿产资源，良好的海上渔场
大洋底	由大洋盆地和大洋中脊组成，占海洋面积的 1/2，是大洋的主体	海底热液矿床、海底结核等海洋矿产资源

2.2.3　我国近海主要海洋资源分布

我国近海是一个自然地理概念，范围包括我国大陆濒临的渤海、黄海、东海、南海及我国台湾省以东的太平洋部分海域，总面积大约 470 万 km^2[112,113]。国外的文献中常常把黄海、东海、渤海称为“东中国海”，将南海称为“南中国海”。我国近海海域从北到南跨越 3 个温度带和近 40 个纬度，形成了复杂多样的海洋生物资源，呈现热带、亚热带、温带物种兼容的态势。我国海域已被发现和描述的海洋生物物种估计为 22 600 多种[114]，渤海、黄海、东海和南海传统渔场面积 470 万 km^2，年最大持续渔获量约为 470 万 t，年最佳渔业资源可捕捞量估算值为 300 万 t。我国海洋砂矿资源丰富，现已探明的矿床和矿点有几百处，且在我国东部沿海各省份分布不均匀，其中福建、广东、广西、海南等亚热带、热带省份的矿床数占到全国矿床总数量的 80%以上，而北温带的各个省份所占比例不足 1/5。另外，我国近海海域石油、天然气等矿产资源丰富，仅南海的天然气水合物总资源量就达 643.5 亿～772.2 亿）$\times10^{10}$t 油当量，约为我国陆地和近海石油、天然气总资源量的 1/2。

1. *渤海海域主要海洋资源*

渤海属于我国的内海，位于北纬 37° 07′～41° 00′、东经 117° 35′～121° 10′，面积约 7.7 万 km^2，平均深度仅 18m，最深点 85m，位于渤海海峡老铁山水道南侧的冲刷槽中。渤海通过渤海海峡与黄海相连通，周围被辽宁、天津、河北和山东所包围，通常黄海和渤海以辽东半岛南端老铁山岬与山东半岛北端的蓬莱角连线为分界线。

渤海海域的海洋生物、海洋矿产等各大类海洋资源勘探程度均相对较高。以海洋渔业资源为例，渤海海域有 110～160 种鱼类，有 50～60 种无脊椎动物；该海域盛产小黄鱼、花鲈、黄鲫、青鳞沙丁鱼、银鲳等鱼类和口虾蛄、三疣梭子蟹、火枪乌贼、日本蟳、鹰爪虾等无脊椎动物。渤海海域除目前已经探明的储量，剩余油气资源仍然十分丰富，有巨大勘探潜力，在油气产量、累计探明储量、技术可开采储量、剩余技术可开采储量各个方面均居我国海域已勘探开发的油气田首位。

渤海滨海砂矿主要矿种为金刚石、锆石、独居石、石英砂和金，伴生矿种为磷钇石、钛铁矿、锡石等，主要的砂矿有 6 处，如表 2-3 所示。渤海浅海区域也有丰富的建筑用海砂，主要分布在老铁山水道、秦皇岛、曹妃甸、渤海海峡和莱州浅滩等地，如表 2-4 所示。

表 2-3　渤海主要滨海砂矿

省份	产地	主要矿种	伴生矿种	规模
辽宁	瓦房店复州河岚崮山	金刚石	—	矿点
	盖州市仙仁岛	锆石、独居石	磷钇矿、钛铁矿、金红石	矿点

续表

省份	产地	主要矿种	伴生矿种	规模
河北	山海关—秦皇岛—北戴河	锆石、独居石	金红石、锡石	矿点
山东	莱州三山岛	金	—	小型
	招远诸流河	金	—	小型
	龙口屺姆岛	石英砂	—	中型

表 2-4　海砂远景区与重点远景区面积　　单位：km^2

区域	海砂远景区面积	重点远景区面积
老铁山水道近岸海砂资源区	1 364	308.0
辽东浅滩海砂资源区	3 522	198.2
辽东湾东岸海砂资源区	1 728	343.3
兴城绥中近岸海砂资源区	2 373	350.5
秦皇岛近岸海砂资源区	2 125	1 044.5
曹妃甸海砂资源区	1 107	370.8
莱州浅滩海砂资源区	86	30.4
登州浅滩海砂资源区	77	8.6

2. 黄海海域主要海洋资源

黄海位于北纬 31° 40′～39° 50′、东经 119° 10′～126° 50′，是一个半封闭的海域，黄海最北端是我国辽宁省，西岸是我国的山东省和江苏省，东岸是韩国和朝鲜。黄海和东海通常以长江口东北的启东嘴和韩国济州岛西南角的连线作为分界线。黄海海域面积约 38 万 km^2，平均水深 44m，最大水深 140m，位于济州岛北侧。黄海海域通常又以山东半岛的成山头与朝鲜半岛的长山串的连线为界分为北黄海和南黄海。

黄海海域的海洋渔业资源非常丰富，该海域有 130～170 种鱼类，甲壳类 40～60 种，头足类 10 余种；该海域盛产鳀、鲐、银鲳、黄鲫、小黄鱼、带鱼、玉筋鱼、火枪乌贼、日本枪乌贼、鹰爪虾、三疣梭子蟹等。黄海海域已经发现和探明的矿产资源主要有铜、锌、沸石、锆石、花岗石、泥炭、煤、石油、天然气、地热、矿泉水和二氧化碳气等。该海域矿产资源类型较多，但是勘探程度较低，尤其是在海洋油气资源勘探方面尚未取得突破性进展。海洋砂矿是国内第二位重要的矿产资源，该海域的海洋砂矿主要分布在辽东半岛北黄海砂金成矿区、山东半岛北黄海玻璃石英砂成矿区、山东荣成滨海砂矿，南黄海砂矿主要分布在山东半岛南部及江苏沿海。

3. 东海海域主要海洋资源

东海位于北纬 21° 54′～33° 17′、东经 117° 05′～131° 03′，被我国大陆、日本九州岛、

韩国济州岛及我国的台湾岛所包围，通过台湾海峡与南海连通，通常以福建省、广东省的交界与台湾省的鹅銮鼻连线作为东海和南海的分界线。东海海域面积 77 万 km^2，平均水深 370m，最大水深达 2719m，位于冲绳海槽南段。

2006～2008 年和 2010～2016 年对东海海域的四季调查显示，在该海域捕获的鱼类、甲壳类和头足类共计分别是 534 种和 456 种。至 21 世纪初，东海海域共发现油气田 8 个，含油气构造 5 个，累计获得探明地质储量石油 1731 万 t，凝析油 798.5 万 t，天然气 842 亿 m^3，东海海域总推测资源量达 92.7 亿 t。东海的滨海砂矿主要为磁铁矿、钛铁矿、独居石、锆石、石英砂和磷钇矿，滨海砂矿点有 52 处，其中福建滨海砂矿资源丰富，浙江砂矿欠发育，具体分布如表 2-5 所示。

表 2-5　东海滨海砂矿资源分布

产地		磁铁矿	钛铁矿	锆石	独居石	磷钇矿	石英砂
浙江	大衢山冷峙			矿点	矿点		
	舟山桃花岛			矿点	矿点		
福建	宁德漳湾	小型					
	宁德平潭						中型
	晋江华峰				矿点		
	晋江金井固头				矿点		
	厦门黄厝		小型		小型		
	漳浦赤潮						中型
	古林半岛东林		矿点	矿点			
	东山梧龙						大型
	东山山迹						小型
	绍安宫口		小型	小型		矿点	

东海海域的热液矿产资源、天然气水合物资源丰富，但目前尚在进一步勘探储量中。

4. 南海海域主要海洋资源

南海位于南纬 2° 30′～北纬 23° 30′、东经 99° 10′～121° 50′，被我国大陆、菲律宾群岛、中南半岛、马来西亚半岛所包围。南海海域面积约 350 万 km^2，平均水深 1212m，最大水深达 5377m，位于马尼拉海沟东南端。

南海海域有着非常丰饶的近海海洋资源，海洋渔业资源丰富多样，海洋鱼类种数为东海海域的 1.4 倍，是黄海、渤海的 3.56 倍。在南海北部的北部湾、珠江口、琼东南、台西南、莺歌海发现 5 个含油气盆地，初步预测这 5 个盆地的油气资源量为 65.66 亿～82.91 亿 t 油当量，海洋油气资源开发潜力与前景较大。近年南海海域的年油气产量占我国近海陆架盆地海洋石油产量的一半以上，分别达到 1600 万 t 和 60 亿 m^3。南海南部海

域主要油气盆地有万安、曾母、礼乐、北康、中建南、南薇西、北巴拉望、文莱-巴沙等，根据现有资料的不完全统计，南海南部共钻探井 1000 余口，发现油田 101 个，油气构造 300 多个，天然气田 79 个，已探明的可开采储量石油 11.82 亿 t，天然气 3.2 万亿 m^3。我国对南海南部海域的勘探调查程度较低，仅对曾母盆地、万安盆地及礼乐盆地进行过不同程度的地球物理勘探调查，其中发现曾母盆地 L 气田储量达 1.27 万亿 m^3。

南海滨海砂矿主要矿种有锆石、独居石、钛铁矿、铬铁矿、磷钇矿、铌钽铁矿、金红石、锡石、砂金等，主要分布在广东省、海南省、广西壮族自治区，其中海南省大中型矿床较多，锆、钛等砂矿储量全国第一，具体情况如表 2-6 所示。南海海域的浅海（深海）砂矿调查，北部浅海区域调查较早，其他海域的勘探调查尚待进一步开展。我国从 1999 年才开始对南海海域的天然气水合物资源进行调查，根据调查资料显示，南海海域的天然气水合物、铁锰结核与结壳矿产资源丰富，目前尚无具体储量数据。

表 2-6　南海滨海砂矿资源概况

地区	数量/个				主要矿种	伴生矿种
	大型	中型	小型	矿点		
广东	3	23	54	57	独居石、锆石、钛铁矿、褐钇铌矿、金、磷钇矿、锡石、石英砂	锆石、钛铁矿、金红石、磁铁矿、独居石、锡石、铌钽铁矿、磷钇矿、金
广西	4	2	5	2	磁铁矿、钛铁矿、铌钽铁矿、石英砂	钛铁矿、铬铁矿、独居石、金红石、锆石、磷钇矿
海南	10	25	37	57	锆石、钛铁矿、金红石、独居石、铬铁矿、石英砂	金红石、铬铁矿、独居石、铌钽铁矿、锡石、砷铂矿

另外，我国近海海域海岛众多，在空间上呈现明显的链状分布，多以群岛、列岛形式出现，如长山列岛、庙岛群岛、舟山群岛等；面积大于 $500m^2$ 的海岛有 6900 多个，其中有居民居住或活动的海岛有 433 个，海岛资源是海洋经济发展的重要依托。我国滨海旅游景点众多，有 1500 多处，滨海沙滩 100 多处，分布在我国绵长的海岸线上。其中就包含了 16 个国家历史文化名城，25 个国家重点风景名胜区，还包括了 5 个国家海洋、海岸带自然保护区和 130 个全国重点文物保护单位。

我国海盐资源丰富，产量连续多年居世界首位，盐田主要分布在辽宁、天津、河北、山东、江苏等省市。环渤海的长芦、辽东湾、莱州湾三大盐区盐田面积 30 万 km^2，占全国盐田总面积的 70%以上，其产量和产值也均占全国总量的 80%以上，其中山东省的海盐业产值占全国海洋盐业总产值的 60%以上，是我国海洋盐业第一大省。具体情况如表 2-7 所示。

海洋可再生能源资源包括波浪能、潮流能、潮汐能、温差能、盐差能等，我国海洋能资源理论蕴藏量为 6.3 亿 kW，具体分布情况如表 2-8 所示。

表 2-7　我国沿海各地盐田面积和海盐生产能力（2013～2014 年）

地区	盐田总面积/hm²		生产面积/hm²		年末生产能力/万 t	
	2013 年	2014 年	2013 年	2014 年	2013 年	2014 年
天津	27 227	26 923	26 499	26 242	160.00	150.00
河北	77 335	67 992	59 093	58 000	436.35	430.00
辽宁	33 938	33 664	28 532	28 269	178.67	176.00
江苏	54 976	53 200	15 603	11 692	72.00	75.00
浙江	2 296	1 971	1 852	1 672	11.66	10.00
福建	5 115	4 116	4 353	4 352	33.00	40.00
山东	202 365	200 890	157 908	157 327	2 431.63	2 540.00
广东	10 052	8 409	6 014	4 571	16.49	13.00
广西	1 686	1 600	948	900	5.99	2.00
海南	3 606	3 459	2 783	2 765	18.00	10.00
合计	418 596	402 224	303 585	295 790	3 363.79	3 446.00

表 2-8　我国沿海各地海洋能资源分布情况

地区	潮汐能			潮流能		波浪能
	装机容量/MW	年发电量/（10^6kW・h）	坝址数/个	平均功率/MW	水道数/个	平均功率/MW
辽宁	594.03	1 635.46	51	1 130.47	5	255.03
河北	10.23	20.45	20	—	—	143.64
山东	124.24	375.38	24	1 177.91	7	1 609.79
江苏	1.10	5.46	2	—	—	291.25
上海	704.00	2 280.00	1	304.88	4	164.83
浙江	8 913.94	2 669.02	73	7 090.28	37	2 053.40
福建	10 332.85	28 413.44	88	1 280.49	19	1 659.67
广东	1 573.81	1 519.74	49	376.56	16	1 739.50
广西	393.13	1 111.10	72	23.08	4	80.90
海南	89.57	229.41	27	282.35	3	562.77
全国	22 736.90	38 259.46	407	11 666.02	95	8 560.78

我国有大约 1.8 万 km 的大陆海岸线，北起鸭绿江，南到北仑河口，是世界上陆地海岸线较长的国家之一。在我国绵长的海岸线上，分布着十分丰富的自然海港，如表 2-9 所示。

表 2-9　我国沿海地区自然港址数量及其分布　　单位：个

地区	港湾和大河河口	可供选择建港的港址数量	
		可建中级以上泊位港址数	其中可建万吨级以上泊位港址数
辽宁	20	21	5
河北	3	6	1
天津	1	1	—
山东	18	24	11
江苏	2	14	1
上海	1	3	3
浙江	14	28	3
福建	21	17	6
广东（含海南）	31	42	8
广西	7	8	2
合计	118	164	40

2.2.4　我国近海主要海洋资源开发情况对比

根据“同种资源评价法”结论（$R=x/m$。其中，R 为资源相对系数；x 为某种资源的资源量；m 为某种资源的资源总量），我国各海区各种资源占有的相对系数如表 2-10 所示，其中黄渤海的滩涂资源、-15m 以内的浅海资源、海盐资源相对量较大，东海海域的水产资源、砂矿资源相对量较大，南海海域的石油资源、天然气资源相对量较大。

表 2-10　中国各海区各种资源占有的相对系数

资源名称	黄渤海	东海	南海
滩涂（潮间带面积）	0.60	0.25	0.15
浅海（0～-15m 面积）	0.50	0.30	0.20
水产（最佳资源可捕量）	0.17	0.49	0.34
石油（资源量）	0.20	0.22	0.58
天然气（资源量）	0.10	0.16	0.74
港址（宜建中等以上泊位数）	0.40	0.29	0.31
盐田（宜盐滩涂及土地面积）	0.82	0.15	0.03
景观（主要景点数）	0.35	0.35	0.30
砂矿（探明储量）	0.05	0.55	0.40

注：$R>0.5$ 表示资源量大；$0.5>R>0.4$ 表示资源量较大；$R<0.1$ 表示资源量小。

根据全国海洋开发规划确定的资源相对开发系数计算公式为

$$C_i = P_i / C$$

式中，C_i——某种资源的相对开发系数；

P_i——某海区某资源的已开发量；

C——全部海区某资源可开发总量。

我国近海海域资源相对开发程度如表 2-11 所示，表 2-12、表 2-13 分别为 2014 年我国近海部分海洋资源开发程度对比。

表 2-11　我国近海各海区资源相对开发量比较

海区	水产养殖（产量）	港口（吞吐量）	景观（旅游人次）	盐业（产量）	石油（产量）
黄渤海	0.66	0.41	0.03	0.85	0.68
东海	0.25	0.39	0.26	0.10	—
南海	0.09	0.20	0.71	0.05	0.32

表 2-12　2014 年我国沿海地区海洋捕捞和海水养殖产量　　单位：t

地区	海洋捕捞产量	远洋捕捞产量	海水养殖产量
天津	45 548	20 046	11 627
河北	239 595	—	491 999
辽宁	1 076 005	330 295	2 890 525
上海	19 945	149 649	—
江苏	547 952	19 907	935 947
浙江	3 242 724	532 666	897 940
福建	1 975 062	264 487	3 794 298
山东	2 297 194	365 042	4 799 107
广东	1 493 656	68 370	2 943 981
广西	650 599	2 787	1 090 975
海南	1 220 091	—	270 082
全国	12 808 371	1 753 249	18 126 481

表 2-13　2014 年我国港口集装箱吞吐量排名　　单位：10^4TEU

港名	集装箱吞吐量
上海	3 529
河北	184
山东	2 256
浙江	2 136
广东	4 752
天津	1 406
福建	1 271
辽宁	1 860
江苏	511
广西	112

续表

港名	集装箱吞吐量
海南	162
合计	18 179

注：TEU（twenty-foot equivalent unit）表示集装箱运量统计单位，以长 20 英尺的集装箱为标准。

2.3　近海海洋资源开发的原则

人类社会发展的历史可以看作人类改造自然、改造自我并不断发展的历史，也可以看作人类不断发现、利用新资源、新能源的历史。18 世纪 40～50 年代的纺织业革命（第一次工业革命），使人类社会由薪柴时代进入了煤炭时代；19 世纪 40 年代的第二次工业革命，使人类社会由煤炭时代进入了油气时代；第二次世界大战以后，人类逐步进入新能源时代，机械能、热能、化学能、生物能、核能、风能、太能、海洋能等新的能源资源不断被利用，人类利用新能源的技术日渐成熟。海洋资源属于自然资源，海洋资源的开发利用涉及自然科学领域的海洋物理学、海洋化学、海洋生物学、海洋地质学、海洋工程技术等学科的知识，又涉及资源经济学、海洋经济学、区域经济学、技术经济学、生态经济学、渔业经济学、管理经济学、宏观经济学、运输经济学、灾害经济学等社会科学领域的知识；另外，在海洋资源开发过程中，我们需要综合运用系统工程理论、协同论、控制论、信息论、突变论等理论指导具体的资源开发工作，理论联系实际，以期达到海洋资源开发的经济效益、生态效益、环境效益和社会效益的协调统一。近海海洋资源在开发利用过程中，要遵守科学规划开发原则、可持续开发原则、预防保护原则、综合利用原则、统一管理与分级管理相结合的原则。

2.3.1　科学规划开发原则

我国对海洋资源开发和海洋经济发展规划始于 20 世纪 80 年代，当时我国海洋开发事业还处于起步阶段，主要是学习和借鉴发达国家在发展海洋经济、组织海洋管理方面的先进经验，结合我们国家的国情和海情，不断积累经验。20 世纪 90 年代，我国开始发布海洋经济发展、海洋资源开发、海洋环境保护等方面的相关规划。《全国海洋开发规划》（1993 年）、《中国海洋 21 世纪议程》（1996 年）属于海洋开发全局性、指导性和战略性规划，统筹安排我国海洋开发战略方案；《中国海洋生物多样性保护行动计划》《全国海洋环保“九五”（1996—2000 年）计划和 2010 年长远规划》属于保护海洋生态环境的规划；《“九五”（1996—2000 年）和 2010 年全国科技兴海实施纲要》（1996 年）属于发展海洋科技的规划。进入 21 世纪，国家进一步加快发展海洋经济的步伐，国务院陆续出台了《全国海洋经济发展规划纲要》（2003 年）、《海水利用综合规划》（2005 年）、《国家海洋科学和技术“十一五”规划纲要》、《国家海洋事业发展规划纲要》（2008 年）。我国东部沿海 11 个省（自治区、直辖市）各自编制了本行政区“海洋经济发展规划”，部分沿海地级市、沿海县也编制了本行政区域的“海洋经济发展规划”。2008年以来，我国在海洋开发领域坚持走科学规划开发的道路，在这一时期，国务院批复和对外发表的规划和国家战略有《珠江三角洲地区改革发展规划纲要》（2008年）、《关于支持福建省加快建设海峡西海岸经济区的若干意见》（2009年5月）、《江苏沿海地区发展规划》（2009年6月）、《辽宁沿海经济带发展规划》（2009年7月）、《黄河三角洲高效生态经济区发展规划》（2009年12月）、《国务院关于推进海南国际旅游岛建设发展的若干意见》（2010年年初）、《长江三角洲地区区划规划》（2010年）、《山东半岛蓝色经济区发展规划》（2011年年初）、《浙江海洋经济发展示范区规划》（2011年3月）、《广东海洋经济综合试验区发展规划》（2011年8月）。2016年3月，第十二届全国人民代表大会第四次会议审议通过了《中华人民共和国国民经济和社会发展第十三个五年规划纲要》，确定了“十三五”期间我国海洋开发的总体要求和方针。

2.3.2 可持续开发原则

自可持续发展理论提出近半个世纪以来，该理论被广泛应用于自然科学和社会科学的各个领域。可持续发展围绕什么是发展，如何实现发展，如何解决发展过程中的经济发展与资源、环境之间的矛盾等问题展开论述。面对全球范围内人口猛增、资源锐减、环境破坏等一系列问题，1987年联合国世界环境与发展委员会在《我们共同的未来》报告中，提出可持续发展是既满足当代人的需求又不对后代人满足需要的能力构成危害的发展。海洋资源开发必须可持续，全球海洋面积约为3.61亿km^2，约占地球表面积的71%，有着丰饶的海洋资源。在海洋资源开发过程中，坚持资源开发活动与人口、社会、经济、环境相协调，充分、高效、合理、可持续地开发利用海洋资源，使海洋资源的开发利用既满足我们当代人的需求，又不影响子孙后代的合理需求。

2.3.3 预防保护原则

自然资源的开发利用，满足了人类生存和发展的需求，但是，伴随着资源的开发利用，尤其是能源类资源的开发利用导致的环境问题及环境变化导致自然灾害加剧不容忽视，甚至成为阻碍经济社会发展的障碍之一。伴随着海洋资源的开发利用，我们国家也十分重视海洋资源开发过程中预防海洋灾害、保护海洋环境。20世纪90年代以来，我国先后制定了《中华人民共和国海洋环境保护法》《中华人民共和国渔业法》《中华人民共和国海上交通安全法》《中华人民共和国海域使用管理法》《中华人民共和国海岛保护法》《中华人民共和国航道管理条例》等法律法规，通过立法来保障海洋开发活动。另外，国家海洋局定期发布中国海洋灾害公报、海洋环境质量公报、海平面公报、海域使用管理公报等，通报海洋开发、海洋灾害、海洋环境、海域使用等情况。

2.3.4 综合利用原则

海洋资源类型繁多，每种资源的蕴藏量非常大，而且多种资源蕴藏于同一载体中，如在海洋水体中蕴藏有海洋生物资源、海水水资源、海水化学资源，在大洋底部的大洋盆地里蕴藏着丰富的矿物结核、矿物结壳、海底热液、海洋油气等多种海洋矿产资源。同时海洋水体和海洋空间还承载着海洋运输业、海洋旅游等海洋产业和海洋资源。因此，在开发利用某种海洋资源的时候要考虑综合利用的问题，在开发规划、开发方案制定、开发技术方法选择、应急保障措施制定等环节要统筹考虑各种资源综合利用，不因开发一种资源而荒废、破坏或者影响另外海洋资源的开发，也不因开发利用一种海洋资源而使得其他海洋资源减少、失去开发利用价值甚至消失。2002 年 8 月，国务院批复的《全国海洋功能区划》将我国近海海域分成港口航运区、渔业资源利用和养护区、矿产资源利用区、旅游区等 10 种主要海洋功能区，并划定了 30 个海洋开发利用区的重点海域，如表 2-14 所示。2012 年 3 月，国务院批准的《全国海洋功能区划（2011—2020 年）》将我国近海海域划分为农渔区、港口航运区、工业与城镇用海、矿产与资源、旅游与休闲娱乐区、海洋保护区、特殊利用区、保留区共 8 类海洋功能区。《全国海洋功能区划（2011—2020 年）》体现了统筹用海、综合用海的原则，是开发利用海洋资源、保护海洋生态环境的法定依据，必须严格遵守。

表 2-14　我国海洋开发利用重点海域

海域	数量/个	名称
渤海	7	辽东半岛西部海域、辽河口邻近海域、辽西—冀东海域、天津—黄骅海域、莱州湾及黄河口毗邻海域、庙岛群岛海域、渤海中部海域
黄海	6	辽东半岛东部海域、长山群岛海域、烟台—威海海域、胶州湾及其毗邻海域和苏北海域
东海	7	长江口—杭州湾海域、舟山群岛海域、浙中南海域、闽东海域、闽中海域、闽南海域、东海重要资源开发利用区
南海	10	粤东海域、珠江口及毗邻海域、粤西海域、铁山港—廉州湾海域、钦州湾—珍珠港海域、海南岛东北部海域、海南岛西南部海域、西沙群岛海域、南沙群岛海域、南海重要资源开发利用区

2.3.5　统一管理与分级管理相结合原则

海洋资源属于我国的蓝色国土资源，《中华人民共和国宪法》第九条明确规定："矿藏、水流、森林、山岭、草原、荒地、滩涂等自然资源，都属于国家所有，即全民所有；由法律规定属于集体所有的森林和山岭、草原、荒地、滩涂除外。"国家通过制定相关政策、法律法规、部门规章等按照行业和部门管理海洋资源开发。目前我国管理海洋资源开发的部门有国土资源部、国家海洋局、交通运输部海事局、农业部渔业局、生态环境部和中国气象局国家气象中心等。以上部门和机构从不同行业、领域管理海洋资源开发或者保障海洋资源开发顺利进行。另外，我国沿海的省（自治区、直辖市、特别行政区）、地级市、沿海县直接管理本行政区域内的海洋资源开发活动，地方的国土资源部门、海洋渔业部门、交通运输部门、环境保护部门、气象水利部门等属于海洋资源开发的直接管理部门，以上部门或机构要充分落实国家制定的海洋资源开发相关法律法规、政策方针、规划战略、规范标准，确保和保障海洋资源开发顺利进行。

2.4 海洋灾害测度方法

海洋灾害具有季节性强、突发性强、致灾因子复杂等特点，因此对海洋灾害的测度要综合运用气象学、海洋学、数理统计、概率论等学科的知识。近年随着GIS（geographic information system，地理信息系统）、RS（remote sensing，遥感）技术的不断进步，这两项技术在海洋灾害动态监测、预报预警、成因分析等方面应用越来越广泛，并且与传统预测技术相比体现出明显的灵活机动、准确客观、快速方便的特点，这也是海洋灾害测度的前沿和重要发展趋势之一。另外，利用我国卫星上搭载的GIS、RS传感器平台可以对地球表面实时监测，并获得科研所需的平台数据，如利用CBERS（China-Brazil earth resource satellite，中巴地球资源卫星）、NOAA卫星、FY-2气象卫星等平台数据实现对我国沿海的强风、台风、海浪、风暴潮等海洋气象灾害进行实时监测和动态预报预警[115]。

2.4.1 定性分析

海洋灾害定性分析主要是综合分析各种类型海洋灾害影响近海资源开发的程度。通过收集到的数据资料，分析海洋灾害发生的时空规律，分析各种海洋灾害的特征，在海洋灾害致灾因子、孕灾环境、承灾体、区域应急能力等方面设定相应的指标，运用综合评价或者模糊综合评价的一系列方法，最终得出定性分析的结论。可以运用的定性分析的具体方法有以下5种。

1）灰色预测方法，该方法不需要大量的历史数据，借助计算机计算，预测精度较高。

2）BP预测方法，该方法也是借助计算机计算，计算精度较高；缺点是可能陷入局部极小，或是算法收敛很慢。

3）层次分析法，该方法简便灵活而又实用，缺点是在权重确定时，无统一格式可遵循，要借助主观判断的方法求出。

4）主成分分析评价法，该方法可消除评估指标之间的相关影响，分析效果较好。

5）模糊综合评判方法，该方法分析结果清晰、系统性强，能较好地解决模糊、难以量化的问题。

2.4.2 定量预测

海洋灾害定量预测主要是对海上大风的风速、灾害性海浪的波高、风暴潮的风暴增水高度等致灾因子进行预测。通过收集到的数据资料，依据我国海港、水文、水利等方面规范，结合海洋灾害对近海资源开发的影响特征，通过对数据的数理分析形成计算样本，参照极值计算相关理论、数理统计相关理论建立计算模型，运用计算模型借助计算机输入样本进行计算，得到计算结果。

2.5　近海海洋资源开发相关理论

2.5.1　自然灾害理论

自然灾害是指由自然原因或人为因素影响形成的，在相对广泛的范围内对人类生命财产、生存环境和社会资源等的破坏事件[116]，这种事件超出了人类的应对能力。例如，地震、台风、风暴潮、暴雪、泥石流等突发性自然灾害，水土流失、土地沙漠化、生态环境退化等缓发性自然灾害。影响自然灾害破坏程度因素有 3 个：致灾因子（hazard，H）、孕灾环境（environment，E）和承灾体（exposure，S）。或者说致灾因子 H、孕灾环境 E 和承灾体 S 综合作用导致了灾害的发生[117]，因此灾害 D 可以表示为

$$D = E \cap H \cap S$$

式中，H——灾害产生的充分条件，可以说灾害是各种致灾因子造成的后果；

S——放大或缩小灾害的必要条件；

E——影响致灾因子和承灾体的背景条件。

目前对自然灾害理论的研究主要集中在以下 4 种理论上。

1. 致灾因子理论

致灾因子是可能造成人身伤亡、财产损失、环境破坏等各种灾害的自然现象或社会现象，如台风、暴雨、地震、泥石流、火山喷发、风暴潮、爆炸等。致灾因子不能等同于灾害，一个简单的例子，如果地震发生在无人的沙漠或者大洋深海就不会造成灾害。致灾因子可以分为自然致灾因子、人为致灾因子和技术致灾因子 3 种类型。

致灾因子理论认为致灾因子是导致灾害发生的决定性因素，海洋资源开发过程中的防灾减灾和应对灾害的核心是把握致灾因子发生的时空规律、发展的趋势并对其发展过程进行监测，必要时进行人工干预。在实践中，通过提高致灾因子预测预报的准确程度，为各行业发展提供技术参数。

2. 孕灾环境理论

孕灾环境是指地球表面的土地、山川、河流、海洋等构成的地球表层系统，由岩石圈、水圈、大气圈、人类社会圈构成，可分为自然环境和人文环境。任何灾害都发生在具体孕灾环境中，如海洋灾害发生在海洋环境（包括海岸带）中。所以，孕灾环境的改变会改变灾害发生的频率、强度等。

孕灾环境理论认为地理环境是影响灾害发生的重要因素，环境的恶化在某种程度上会使某种灾害加剧，如耕地的土壤沙化加剧了我国西部地区的沙尘暴灾害；相反环境的

改善在某种程度上可以控制某种灾害的发生，如我国西部地区通过植树种草提高地表的森林覆盖率和绿化水平，可以减少水土流失和控制沙尘天气。

3. 承灾体理论

承灾体是指地震、台风、暴雨等各致灾因子作用的对象，是直接受到灾害影响和破坏的自然社会环境。农田、鱼塘、建筑物、高速公路、防波堤等都属于承灾体。承灾体受到破坏的程度取决于自身的脆弱性和致灾因子的影响。所谓脆弱性，是指承灾体在受到致灾因子破坏时遭受损失的程度，也可以理解为承灾体承受致灾因子破坏的能力。承灾体脆弱性可细分为物理脆弱性、经济脆弱性、社会脆弱性和环境脆弱性。承灾体脆弱性越强，对灾害的承受能力就越弱。

承灾体理论认为通过改善承灾体的脆弱性，就可以降低灾害损失或减少灾害的发生。通过对常见承灾体分类、承灾体脆弱性评估、承灾体脆弱性变化动态监测，可以在某种程度上解释灾害灾情扩大的原因。

4. 区域灾害系统理论

区域灾害系统理论不同于前面的致灾因子理论、孕灾环境理论、承灾体理论，该理论不强调某一方面起主要作用，而是把灾害看作一个复杂系统，由致灾因子、孕灾环境、承灾体共同作用的巨系统。

2.5.2 可持续发展理论

可持续发展理论的提出源于人类对环境问题的认识和关注，20 世纪 50～60 年代，伴随着工业化进程而来的是人口剧增、贫富差距、环境破坏、能源枯竭等矛盾和问题的凸显，因此，国内外诸多学者开始关注人类社会的发展方式问题，可持续发展理论便应运而生。面对全球范围内人口猛增、资源锐减、环境破坏、贫富差距等一系列矛盾和问题，可持续发展理论要求既要满足当代人的需求又不对后代人满足需要的能力构成危害，是经济、社会、资源、环境协调一致可持续的发展模式。

1. 理论产生的过程

1962 年，美国生物学家 Rachel Carson 在她的环境科普著作《寂静的春天》里面，描述了一幅缺少鸟儿鸣叫的春天的画面，暗示人们如果继续滥用农药将会导致鸟儿的灭绝，人类将失去美好的春天。该著作在世界范围内引起轰动，引发了人们对发展观念的思考。1972 年，美国学者 Barbara Ward、Rene Dubos 的成名著作《只有一个地球》，推动了人们对生存环境的认识观念向前发展；同年的研究报告《增长的极限》明确提出“持续增长”“合理的持久的均衡发展”等概念。1987 年，联合国世界环境与发展委员会在《我们共同的未来》报告中，提出可持续发展是既满足当代人的需求又不对后代人

满足需要的能力构成危害的发展。在 1992 年联合国环境与发展大会上，可持续发展理论得到人类的广泛认同。

2. 理论内涵

可持续发展理论虽然最初由生物学家提出，但该理论从诞生之日起就被广泛应用于经济、社会、资源开发等领域。可持续发展是全面、协调、可持续的发展，是共同发展、公平发展、高效发展、多维发展等发展模式的统一。

1）可持续发展理论不反对经济增长，但要求发展必须可持续。也就是说，可持续发展反对以经济利益为唯一目的的发展方式，反对粗放型的、资源掠夺型的发展模式。在经济增长满足当代人发展需求的同时，考虑到生态环境的承受程度和子孙后代的发展需要。

2）可持续发展的本质是寻求经济发展与环境、生态、社会等的动态平衡。传统的经济发展道路走的是一条“先污染，后治理”的道路，经济发展的代价是环境恶化、生态破坏、社会不可承受。可持续发展吸取了工业化发展过程中的这些教训，谋求经济发展与环境、生态、社会可承受之间动态平衡的稳定状态。

3）可持续发展以提高人们的生活质量为目标。可持续发展就是为了满足人类日益增长的对物质、文化、精神等的需求，使得人人共享发展的成果，使得人的发展与整个社会的进步相适应。

4）可持续发展的核心在于其公平性，可持续发展维持了当代人和子孙后代的经济福利，当代人的发展不能以透支后代的经济福利为代价，实现了永续发展。

3. 可持续发展理论是开发利用海洋资源，实现防灾减灾的理论基础

1）可持续发展理论指导下的防灾减灾，是实现永续开发利用近海海洋资源的重要途径。在近海海洋资源开发过程中，各种海洋灾害是最大的干扰因素。从某种意义上讲，赤潮、绿潮等海洋生态灾害和风暴潮、台风等海洋气象灾害反映了人类的发展触及了海洋生态环境和大气自然环境的底线，进而影响了人类开发海洋的活动。因此，人类开发利用海洋资源的行动必须以可持续发展理论为指导，实现海洋资源开发与海洋生态环境、自然环境、经济社会等的协调一致。

2）近海海洋资源开发是实现人类社会可持续发展的重大需求，是可持续发展理论研究领域的重大问题。随着世界人口的增加和人们生活水平的提高，陆地资源已不能满足人类发展的需求，世界范围内的沿海各国都在开发利用海洋资源。进入 21 世纪，人类开发利用海洋资源的脚步越来越快，范围越来越广，开发难度越来越大，遇到的问题也越发棘手。可持续发展理论是解决这一领域各种矛盾和问题的有效准则。

2.5.3 应急管理理论

应急管理是 20 世纪 90 年代以来，针对自然灾害、事故、社会公共事件等突发事件，学界发展和建立起来的一门新兴学科。应急管理的对象是突发事件。和应急管理的概念一样，突发事件也尚无统一的、普遍接受的概念。通常认为，突发事件就是突然发生的事情：第一，事件发生突然、发展速度很快；第二，常规方法难以应对，只能运用非常规的手段解决[118]。针对突发事件的以上两个特点，应急管理必须涉及诸多环节、诸多要素，而且时效性决定了管理的有效性。从纵向上看，应急管理涉及日常监测与预警、事件评估、应急响应、抢险救灾与救援安置、灾后重建等环节；从横向上讲，应急管理涉及气象、水利、电力、地质、地震、卫生、环保、新闻、民政、消防、安全生产监督等诸多政府部门和行业，因此，应急管理是一个社会性系统工程。

1. 应急管理的概念

虽然应急管理没有一个被学界普遍接受的定义，但是在应急管理理论发展的过程中，针对管理过程、行动、管理职能、理论和方法体系等方面均有文献作出定义，比较有代表性的定义如表 2-15 所示。

表 2-15 应急管理的定义

类别	时间	代表人物	主要观点
过程观点	1999 年	美国联邦紧急事务管理署	对突发事件的准备、缓解、反应和恢复的动态过程[119]
	2006 年	计雷等	分析突发事件的原因、过程和后果，有效聚集社会各方资源，预警、控制和处理突发事件，达到降低事件危害，优化决策的目的[120]
行动观点	2004 年	詹姆士·米切尔	对即将或已经出现的突发事件，采取的事前备灾预防、事中控制行动和事后救援工作[121]
管理职能观点	2007 年	Blanchard 等	是一种管理职能，创建一个框架，在框架范围内降低社区的脆弱性，提高应灾能力[122]
理论和方法观点	2007 年	陈安等	基于突发事件的原因、发生发展过程及所产生的负面影响的分析，有效聚集社会各方资源，有效应对、控制和处理突发事件的理论和方法[123]

通过以上定义可见，应急管理运用管理的计划、组织、领导、控制、协调等基本职能，侧重于灾害或突发事件的事前预防、事中控制和事后处理。从短期看，针对自然灾害、事故灾难、公共卫生事件和社会安全事件的应急管理能否取得成效，关键在于制度、技术和管理 3 个方面。所谓制度，就是总结以往应对突发性事件的经验和教训，借鉴国外先进管理经验，建立和健全全国范围内应对突发性事件预警预防、救助和保障的法律、政策及组织安排体系。所谓技术，就是加快先进科学技术在突发性事件预测预防和救援过程中的应用，把技术转化为应对突发性事件的手段，不断提高人类认识自然、了解自

然的能力。所谓管理，就是运用系统工程理论、优化决策理论、博弈理论、计算机信息管理手段，建立基于计算机信息系统的突发性事件应急智能决策支持系统。从长远来看，我们应当深刻思考现有发展方式的科学性、合理性和可持续性。从根本上改变资源过度开发、环境遭受破坏的低级、粗暴的经济发展模式，建立人与自然和谐相处、资源合理利用、生态环境美好的科学发展模式。

2. 应急管理理论模型

20 世纪 50 年代以来，西方学者热衷于研究现代危机管理理论，Steven Fink 提出了四阶段模型，Robert Heath 提出了 4R 模型，Ian I. Mitroff 提出五阶段模型，Augustine 提出六阶段模型[123]。这几个理论模型把应急管理过程划分为不同阶段，每个阶段对应不同的任务，具体内容如表 2-16 所示，其中 Steven Fink 的四阶段模型和 Robert Heath 的 4R 模型是学界最为认同的。

表 2-16　应急管理理论模型

类型	代表人物	阶段划分	主要内容
四阶段模型	Steven Fink	征兆期 发作期 延续期 痊愈期	用医学术语描述危机的生命周期，征兆期表示有迹象显示潜在危机发生的可能；发作期表示伤害性事件发生并引发危机；延续期表示危机影响持续和努力消除危机的过程；痊愈期表示危机事件已经完全解决
4R 模型	Robert Heath	缩减（reduction）阶段 预备（ready）阶段 反应（reaction）阶段 恢复（recovery）阶段	从管理学角度将危机管理按照 4R 模型划分为 4 类，减少危机情境的攻击力和影响力，使之做好处理危机情况的准备，尽力应对已经发生的危机及从危机中恢复
五阶段模型	Ian I. Mitroff	信号侦测阶段 探测及预防 控制损害阶段 恢复阶段 学习阶段	从工程技术角度划分：识别新危机发生的警示信号并采取预防措施；组织成员搜寻已知危机风险因素并尽力减少潜在损害；组织成员努力使危机不影响组织运作的其他部分或外部环境；尽可能快地让组织恢复正常运转；回顾和审视所采取的管理措施，为今后管理奠定基础
六阶段模型	Augustine	危机的避免 危机管理准备 危机的确认 危机的控制 危机的解决 从危机中获利	从商业管理角度划分：危机避免是简便经济的办法；危机管理准备包括行动计划、通信计划、消防演练和建立重要关系等；危机确认通常富有挑战性；危机控制要根据不同情况确定工作的先后顺序；危机解决速度是关键；从危机中获利要及时总结经验教训

3. 应急管理体系

应急管理体系是一个十分庞大的社会系统工程，应急管理最根本的特点是综合性和全过程性，因此应急管理体系涉及一个国家几乎所有的行业、政府职能部门和社会公众。政府职能部门、军队、非政府组织（Non-Governmental Organization，NGO）、企业和社会公众是应急管理的主体，通过管理主体有效的管理为全社会提供公共产品——公共安全；应急管理的客体共有四大类：自然灾害、事故灾难、公共卫生事件、社会安全事件。另外，应急管理是全过程的管理，包括事件发生之前的预防预警、事件发生过程中的控制和事后恢复重建等阶段。

我国的应急管理体系形成时间较短，但经历了从部门应对单一事件或灾害到全社会综合协调的应急管理。学界普遍认为，2003 年的 SARS 疫情，考验了我国应对突发事件的能力，也是我国社会化综合应对突发事件及应急管理实践的开始。首先，2002 年党的十六大以来，我国明显加强突发性事件的应急管理工作，先后通过《国家突发公共事件总体应急预案》、专项预案、部门预案共计 106 部，另外，还有若干企业预案；其次，我国明显加强社会预警体系和应急机制建设，全面提高政府应对突发性事件的综合能力，以政府、企业、公众为主体的应急管理纳入经常化、法制化、科学化的轨道；再次，2007 年 11 月，我国颁布实施《中华人民共和国突发事件应对法》（以下简称《突发事件应对法》），以该项法律为核心，联合《中华人民共和国气象法》《中华人民共和国防震减灾法》《中华人民共和国消防法》等法律，《自然灾害救助条例》《气象灾害防御条例》《军队参加抢险救灾条例》等行政法规，以及《国家突发公共事件总体应急预案》、专项预案、部门预案等预案，共同构成我国应急管理法律体系，为应急管理各个阶段的工作提供了法律依据。

综上所述，我国应对突发公共事件应急管理体系可归结为“一案三制”。“一案”是指应急预案体系，应急预案是应急管理体系的起点，具有纲领和指南的作用，体现了应急管理主体的应急理念。我国的应急预案体系主要包括以下 6 类：一是突发公共事件总体应急预案；二是突发公共事件专项应急预案；三是突发公共事件部门应急预案；四是突发公共事件地方应急预案；五是企事业单位应急预案；六是重大活动主办单位制定的应急预案。“三制”分别是指应急组织管理体制、应急运行机制和监督保障法制。应急组织管理体制就是要建立健全集中统一领导、政令畅通、执行高效、坚强有力的指挥机构；应急运行机制就是要建立健全监测预警机制、应急管理信息沟通机制、应急管理决策机制和协调机制；监督保障法制就是通过健全立法、严格执法，使突发性事件应急管理逐步走上法制化、规范化、制度化的轨道。表 2-17 所示为我国应急管理体系[124]。

表 2-17　我国应急管理体系

类别	主管部门	应急预案	法律体系
自然灾害	水利部 民政部 国土资源部 中国地震局 国家林业局	国家自然灾害救助应急预案 国家地震应急预案 国家防汛抗旱应急预案 国家突发地质灾害应急预案 国家处置重、特大森林火灾应急预案	气象法 防洪法 防震减灾法 军队参加抢险救灾条例 汶川地震灾后恢复重建条例 公益事业捐赠法

续表

类别	主管部门	应急预案	法律体系
事故灾难	国家安监总局 交通运输部 住房和城乡建设部 国家能源局 铁路总公司	国家核应急预案 国家突发环境事件应急预案 国家通信保障应急预案 国家处置城市地铁事故灾害应急预案 国家处置电网大面积停电事故应急预案	安全生产法 消防法 煤炭法 国务院关于预防煤矿生产安全事故的特别规定 煤矿安全监察条例
公共卫生事件	卫生和计划生育委员会 农业部	国家突发公共卫生事件应急预案 国家重大食品安全事故应急预案 国家突发重大动物疫情应急预案 国家突发公共事件医疗卫生救援应急预案	突发公共卫生事件应急条例 传染病防治法 动物防疫法 食品安全法
社会安全事件	公安部 中国人民银行 国务院新闻办 国家粮食局 外交部	国家粮食应急预案 国家金融突发事件应急预案 国家涉外突发事件应急预案	国家安全法 中国人民银行法 民族区域自治法 戒严法 行政区域边界争议处理条例

2.5.4　自然灾害风险管理理论

“风险”一词最早出现在 19 世纪末的西方经济领域著作中，在 20 世纪被广泛应用于社会各个行业和领域。通过对比诸多学术著作和文献，笔者发现不同国家地区、不同文化背景、不同行业领域对风险的认识是不同的，甚至在同一行业技术人员和管理人员对风险的理解也存在偏差，技术人员更加注重技术本身可靠性和安全性，管理人员侧重于运用管理策略从整体避免风险事件的发生。归纳总结风险的含义，最常用的有两种：一是危害本身，通常用事件发生的概率来描述危害的不确定性；二是对象或客体遭受危害或破坏的可能性[125]。同样的，自然灾害（海洋灾害属于自然灾害）风险也包括两种含义：一是自然灾害本身，也就是自然灾害发生的不确定性；二是自然灾害可能给人类社会造成的危害或破坏，前者被称为致灾风险或致险可能性，后者被称为风险损失。风险损失是由风险事件作用在特定客体之上导致的人员伤亡、财产损失、环境破坏等损失的可能性。自然灾害风险通常用下列公式表达

$$\text{自然灾害风险}=\text{致灾因子危险性}\times\text{承灾体脆弱性}$$

式中，致灾因子危险性、承灾体脆弱性的含义在自然灾害理论部分均有详细阐述，故在此不再赘述。

1. 自然灾害风险特性

1）不确定性：一是自然灾害发生有其概率；二是客体（承灾体）损失的可能性。这说明灾害风险和损失风险均具有不确定性，目前对于自然灾害不确定性的把握主要依

赖于实时监测和数据处理分析得到结果。

2）危害性：自然灾害发生在特定的时间、地点会对人类社会的物质财富、精神财富及生态环境造成危害性后果。

3）可变性：自然灾害风险具有可变性，几乎没有任何两次自然灾害事件在发生时间、地点、破坏程度等方面是完全一致或大致相同的。自然原因的变化、人为因素的作用、社会易损性的变化、灾害影响因素的多变性均会对自然灾害风险产生影响。自然灾害动态可变，目前对其可变性把握主要通过 GIS、RS 等手段实现实时监测和预报预警。

4）复杂性：自然灾害风险的复杂性主要体现在致灾因子的频率和强度具有可变性，孕灾环境有区域差异性，承灾体脆弱性具有可变性，区域应灾能力会受到经济社会发展水平、公众安全意识、政府应灾能力的影响而差异很大。

2. 自然灾害风险管理内涵

全球气候变化、突发性极端天气事件频发和人类经济社会的全面发展，使得自然灾害造成的破坏有加剧的趋势。面对这种不利趋势，加强灾害管理工作十分紧迫。自然灾害风险管理要“知其然”，更要“知其所以然”；要避免历史上曾经出现过的“头痛医头、脚痛医脚”的短视行为，要从日常灾前预警预防、宣传教育做起，逐步培养和树立民众的安全意识、危机意识和自我保护意识。针对当前各种灾害交叉重叠，灾害的危险性和破坏性加大，灾害管理要变被动接受为主动控制，运用综合灾害风险管理策略，在灾害管理全过程，协调调用全社会的一切资源共同应对自然灾害。要综合运用技术、经济、管理、法律、行政、工程等有效手段，最大限度地预防、控制和减轻自然灾害造成的损失，以最低成本实现最大限度地保障人民生命财产和社会安全，最大限度地实现人、自然、环境的可持续发展。《国家综合防灾减灾“十二五”规划（2011—2015 年）》明确指出：“统筹考虑自然灾害及灾害过程的各个阶段，综合运用各类资源和多种有效手段，充分发挥政府在防灾减灾中的主导作用，积极调动各方力量，全面加强综合防灾减灾能力建设，切实维护人民群众生命财产安全，有力保障经济社会全面协调可持续发展。”

自然灾害风险管理贯穿灾害发生、发展、消亡的全过程，综合运用风险规避、风险转移、风险保留等一切风险管理手段应对灾害风险。灾害风险管理应当常态化，首先要做好日常灾害风险监测和记录，逐步形成数据资料；其次要做好灾害预测预警，把灾害的有效信息向社会传递；再次要做好灾害发生过程中的应急管理工作，总结以往各类自然灾害的特征和应对灾害的措施、经验，综合考虑应急管理过程中可能出现的各种状况，事先做好预案。对于能够避免或在一定程度上可以控制的灾害，要运用一切有效手段降低灾害发生的概率和强度；对于不能避免、不能克服的灾害，通过准确的预测预警，事先做好防控和应对措施，把灾害损失降到最低。

2.5.5　海洋综合管理理论

海洋是 21 世纪举足轻重的战略资源，不远的将来人类要像开发陆地一样去开发利用海洋，甚至开发利用海洋的程度要远远超过陆地，远远超出现在人们的想象。海洋资源在属性上不同于陆地资源，独特的属性决定了海洋资源的开发利用必须要综合、可持续，同时在管理上实施综合管理。

1. 海洋综合管理思想的提出

海洋综合管理思想是伴随着近代人类开发利用海洋资源而逐步提出的。20 世纪 30 年代，美国部分学者提出：采用综合管理的方法统筹考虑开发利用大陆架外部边缘的空间和海洋资源。20 世纪 70 年代末，伴随着全球范围内的海洋资源大规模开发，很多国家出现了近海海洋资源枯竭、水质恶化和海洋灾害频发等一系列严重的负面问题。因此，在 20 世纪 80 年代，海洋综合管理被人们用来解决 70 年代末出现的负面问题，并且逐步受到重视。

1982 年，联合国通过《联合国海洋法公约》，此公约为世界各国综合管理海洋提供了依据；1989 年 11 月，第 44 届联合国大会专题报告《实现依海洋法公约而有的利益：各国在开发和管理海洋资源方面的需要》全面、详细地阐述了海洋综合管理的意义、目标和任务，号召世界各沿海国家在开发利用海洋资源过程中贯彻综合管理的思想。1992 年，联合国通过《21 世纪议程》，这标志着海洋综合管理作为世界沿海国家的一项基本制度确定下来。

2. 海洋综合管理的含义

20 世纪 80 年代以前，人们对于该理论的理解是很简单的："就是在特定区域内，把人类的开发活动、海况、海洋资源统筹考虑。"1996 年的《中国海洋 21 世纪议程》把海洋综合管理界定为：从国家整体利益出发，通过立法、方针政策、规划的制定和实施，以及组织协调有关产业部门和沿海地区在开发利用海洋中的关系，以达到合理开发利用海洋资源、保护海洋生态环境、维护海洋权益，促进海洋经济持续、健康、稳定发展的目的。经过近 20 年海洋管理实践，我国及世界各国的很多专家学者丰富和发展了海洋综合管理理论。海洋综合管理的内涵可以总结为以下 3 个方面。

1）海洋综合管理属于海洋管理的一种类型，需要运用计划、组织、领导、控制等管理职能进行管理。目前来看，海洋综合管理包括海洋资源、海洋环境、海洋执法检查、海洋科技与调查、海洋自然保护区、海洋公共服务、海洋权益等管理内容。与其他海洋管理所不同的是，海洋综合管理不局限在某一地域、某一行业，而是从海洋开发的全局和根本利益出发，对海洋开发活动整体统筹协调的高层次管理形式。

2）海洋综合管理的目标，是从国家海洋整体利益出发，集中于发挥海洋整体系统功效和创造可持续开发利用海洋资源的现实条件。这一目标是局部地域管理和行业管理难以企及的。

3）海洋综合管理侧重于整体性、全局性、综合性和科学性，是一种从上而下系统化的战略级管理模式，较少深入某一行业领域的具体活动，因此，海洋综合管理运用的管理手段必须是战略级的法律手段、行政手段和经济手段。

综上所述，海洋综合管理涵盖海洋立法管理、海洋权益管理和海洋规划三大主体职能，细分为包括海洋资源管理、海洋环境管理、海洋执法检查管理、海洋科技与调查管理、海洋自然保护区管理、海洋公共服务管理、海洋权益管理在内的 7 个方面的管理任务。海洋综合管理的本质是从国家海洋整体利益出发，以实现海洋可持续开发为目标，通过综合运用法律、行政、经济等管理手段，规范各个主体的海洋开发行为，保护海洋生态环境，最终实现海洋的社会效益、经济效益、环境效益的最佳统一。

第3章　我国海洋灾害类型与时空分布规律

3.1　海洋灾害概述

3.1.1　海洋灾害

海洋是地球生命的摇篮，也是人类文明的发源地。从古到今，人类从海洋获得了丰富的物质财富和精神财富，获得财富的过程中，人类逐渐认识海洋、熟悉海洋，更加合理地开发利用海洋资源。我们意识到海洋不但给人类带来了丰富的资源，而且教会了人们如何面对困难和灾害。受到太阳光照的影响，海洋是地球上多种自然灾害的渊源，中国是世界上遭受海洋灾害影响较频繁的国家之一。澳大利亚科学家S.L.Southern统计后得出，每年全世界由热带气旋造成的经济损失高达60亿～70亿美元，全球自然灾害60%的生命损失是由热带气旋及其引发的其他海洋灾害造成的。我国有着曲折绵长的海岸线，纵贯热带、亚热带和温带3个温度带，频发的海洋灾害给沿海地区人民群众的生命财产安全带来了巨大威胁。据国家海洋局统计，仅2016年，各类海洋灾害造成的直接经济损失达50亿元人民币，死亡（含失踪）60人[126]。近年来，随着全球气候变暖，突发性极端海洋气象灾害，如台风灾害、风暴潮灾害、海浪灾害，有明显加剧的趋势。为了保障我国近海海洋资源开发，我们必须要熟悉近海海洋灾害的特点，掌握海洋灾害时空分布规律。一般来说，通过网络、电视和其他媒体，相关方可以及时获得短期内相关海域的海洋气象情况，甚至可以获得实时、准确的海洋气象数据资料，以便及时调整海洋资源开发活动或者是采取应对措施。但是，海洋资源开发是21世纪人类发展的永恒主题，可以说海洋资源开发和陆地资源开发一样，是一个可持续的、永久的过程[127]。在这个过程中，海洋资源开发的相关方必须要熟知所面对的海洋气象环境。关于海洋气象环境的短期资料是比较容易获得的，长期资料则需要我们不断积累、总结、分析、计算、预测特定海域的海洋气象原始数据，得到特定海域海洋气象灾害发生的时空规律，掌握特定海域内致灾因子、孕灾环境、承灾体和区域防灾能力的基本情况和属性，在此基础上，制定海洋资源开发应急预案，合理优化应急管理组织管理体制和应急运行机制，最终寻求一条保障近海资源开发的合理有效的路径。

3.1.2 我国海洋环境概况

我国幅员辽阔，地处亚欧大陆东部，东临太平洋，独特的地理位置决定了我国是世界上少数几个遭受海洋灾害影响较频繁、较严重的国家之一。我国东临的西北太平洋是世界上最大的大洋，也是最不“太平”的大洋。每年在此形成的热带气旋多达 35 个，是世界上形成热带气旋最多的地方，其中 80%的热带气旋会发展为台风，每年平均有 26 个热带气旋至少达到热带风暴的强度，约占全球热带风暴总数的 31%[128]。影响我国近海的灾害性天气系统除了西北太平洋的热带气旋，还有来自西伯利亚等高寒地区的冷空气；源于我国河套、江淮地区，东移入海或者在海面上形成温带气旋等。这些灾害性天气系统交替作用，使得我国的渤海、黄海、东海和南海海上大风、巨浪、风暴潮等海洋灾害频发。

我国东部沿海各个省市、海区均有不同的孕灾环境和条件。在人口分布上，根据 2010 年全国第六次人口普查数据，东部沿海 11 个省（自治区、直辖市）的总人口为 4.74 亿人，人口密度达到 400 人/km^2，该区域聚集着全国约 35.4%的人口，是我国人口密度最高的地区。珠江三角洲、长江三角洲和环渤海地区是我国区域经济最发达的地区，聚集着我国最先进的技术、最成熟的管理模式和最优秀的人才。综合来说，我国东部沿海地区经济社会发展程度较高，一旦发生海洋灾害，该地区遭受损失的概率会增大，因此，需要更加健全、完备的防灾减灾策略。

3.1.3 我国近海海洋灾害分布

影响我国近海海洋资源开发的海洋灾害有海洋气象灾害（或称为海洋环境灾害）、海洋生态灾害、海洋地质灾害及其他灾害。由于各个海域自然地理条件的差异，不同海域海洋灾害的类型、强度有所不同。

1. 渤海

由渤海的自然地理特点我们可以得知，渤海经由宽度 57n mile 的渤海海峡与黄海连通，属于我国的内海。渤海海域所处平均纬度为北纬 39°，属于中高纬度地区，加之平均水深较浅，冬季受到大陆强冷空气影响，容易生成海冰灾害。辽东湾的营口、葫芦岛、鲅鱼圈等港口易受海冰灾害影响，天津港、秦皇岛港、黄骅港、东营港、烟台港、大连港、旅顺港等港口属于不冻港；海冰灾害对渤海湾、辽东湾、莱州湾等海域的海水养殖业有一定影响，总体来说，一般年份渤海海域的海冰灾害并不严重，但是，近年由于北极冰川和冰盖融化加剧带来的气候变化，使得该海域海冰灾害异常，2012年冬季到2013年春季，渤海海域海冰灾害是近25年以来最严重的一次。由于渤海海域的半封闭性、入海径流减少、海洋石油泄漏和陆地排污量的不断增加，该海域海水污染和富营养化日益严重，导致赤潮灾害频繁发生，海洋水产业损失严重。另外，莱州湾、渤海湾和辽东湾均不同程度地呈现"喇叭口"状地形，湾顶均为低洼河口平原，地势平坦，加之渤海海域的"水槽"地形，以上3个海湾极易产生严重的温带风暴潮灾害。其中，莱州湾是世界上发生温带风暴潮灾害最多的地方。

2. 黄海

在我国4个近海海域中，黄海属于海洋灾害比较缓和的海区，各种海洋灾害均有发生，但是都不是特别严重。其中，海冰灾害只出现在北黄海辽东半岛沿岸，且历史上很少酿成严重灾害。虽然黄海受温带气旋的影响，但该海域的温带风暴潮强度明显弱于渤海海域，这源于南黄海地势较为平坦，河口和海湾较少，是风暴潮灾害少发的区域；黄海也受到台风风暴潮的影响，但强度较弱，数量明显少于东海和南海。从近20年的海洋监测资料来看，黄海海域的赤潮灾害较轻，但近年浒苔和其他藻类酿成的海洋生态灾害有所加剧，尤其是2008年以后，青岛近岸黄海爆发了若干次较为严重的浒苔灾害。影响黄海海域海洋资源开发的主要灾害是海浪和海岸侵蚀，南黄海江苏省沿岸是我国海岸侵蚀较为严重的地区之一。黄海受到活动频繁的温带气旋影响，海上大风和灾害性海浪灾害较多。

3. 东海

东海海域的风暴潮灾害、海浪灾害、赤潮灾害都比较严重。长江口、钱塘江口、闽江口及其他海湾大多属于朝向海洋的"喇叭口"状，这种类型的海湾和河口极易形成严重风暴潮灾害；东海海域大陆架极为宽广，海域开阔，温带气旋和热带气旋在这里频繁活动，这些因素共同造成了东海海域的风暴潮灾害和海浪灾害比较严重。由于陆地排污量逐年增加，东海海域水交换较差的封闭型海湾，水体富营养化严重，造成赤潮灾害频繁发生，给当地水产业造成的损失越来越严重。另外，东海海域及台湾海峡属于太平洋板块和亚欧板块交界带，该地区的海底地震频发，破坏性不强的海啸较多。

4. 南海

南海是我国近海最不平静的海域，海上大风、风暴潮、灾害性海浪、赤潮等灾害都比较严重。南海海域的珠江口、韩江口、雷州湾等河口和海湾都属于朝向外海的"喇叭口"状海湾，受到西北太平洋热带气旋和该海域生成热带气旋的影响，在南海近岸形成严重的风暴潮灾害、海浪灾害和海上大风灾害，巴士海峡、巴林塘海峡及其以东洋面是海上大风造成海难事故多发海域，被称为太平洋的“百慕大黑三角”。另外，南海海域受到诸多岛屿、群岛和浅滩包围，历史上从未有过严重海啸的记录。南海海域水温常年较高，水流不畅、封闭的海湾，受到陆地逐年增加排污量的影响，海水富营养化严重，一年四季都会爆发赤潮灾害，对海洋养殖业影响较大。

3.2 影响我国近海海洋资源开发的主要灾害类型

3.2.1 海洋气象灾害

海洋气象灾害是指由热带气旋、强冷空气、温带气旋等气象因素作用而引发的海洋灾害，也有学者称为海洋环境灾害。根据国家海洋局 2000～2011 年《中国海洋灾害公报》的统计数据，由海浪、风暴潮、海上大风等海洋气象灾害在近 12 年造成的经济损失和死亡（失踪）人数分别占全部海洋灾害的 97.86%和 99.92%[129-131]。

1. 海上大风

海上大风是由冷空气、寒潮、温带气旋、热带气旋等气象因素作用而引发的平均风速达到 6 级（10.8～13.8m/s）以上的海面上的风。最早对风力等级进行详细划分的是英国海军上将 Frincis Beaufort，他根据我国唐朝天文学家李淳风的著作《乙巳占》，依靠观察风作用下的海面波纹、波浪现象把风力分为 0～12 级，后人称为“蒲福风力等级（Beaufort wind scale）”。后来随着大气科学的发展，测量风速的方法得到了极大改进，摒弃了依靠肉眼观察海面现象的经验主义观测方法，改为风杯式风速仪测量风速，从测量仪器、测量高度、地表形态等方面实现了风速观测标准化，把风力等级扩展到了 18 个等级，如表 3-1 所示。

表 3-1 风力等级

等级	名称	相当风速			海面波浪	平均浪高/m	最高浪高/m
		n mile/h	m/s	km/h			
0	无风	<1	0.0～0.2	<1	平静	0.0	0.0
1	软风	1～3	0.3～1.5	1～5	微波峰无飞沫	0.1	0.1
2	轻风	4～6	1.6～3.3	6～11	小波峰未破碎	0.2	0.3
3	微风	7～10	3.4～5.4	12～19	小波峰顶破裂	0.6	1.0
4	和风	11～16	5.5～7.9	20～28	小浪白沫波峰	1.0	1.5
5	劲风	17～21	8.0～10.7	29～38	中浪折沫峰群	2.0	2.5
6	强风	22～27	10.8～13.8	39～49	大浪白沫离峰	3.0	4.0
7	疾风	28～33	13.9～17.1	50～61	破峰白沫成条	4.0	5.5

续表

等级	名称	相当风速			海面波浪	平均浪高/m	最高浪高/m
		n mile/h	m/s	km/h			
8	大风	34～40	17.2～20.7	62～74	浪长高有浪花	5.5	7.5
9	烈风	41～47	20.8～24.4	75～88	浪峰倒卷	7.0	10.0
10	狂风	48～55	24.5～28.4	89～102	海浪翻滚咆哮	9.0	12.5
11	暴风	56～63	28.5～32.6	103～117	波峰全呈飞沫	11.5	16.0
12	飓风	64～71	32.7～36.9	118～133	海浪滔天	14.0	—
13	—	72～80	37.0～41.4	134～149	—	—	—
14	—	81～89	41.5～46.1	150～166	—	—	—
15	—	90～99	46.2～50.9	167～183	—	—	—
16	—	100～108	51.0～56.0	184～201	—	—	—
17	—	109～118	56.1～61.2	202～220	—	—	—

影响我国近海海域的海上大风主要是由冷空气、寒潮、温带气旋和热带气旋等气象因素造成的，这些气象因素的发生时间、强度变化、路径变化直接影响海上大风的强度。一般来说，我国近海海上大风季节差异较为明显，冬季、夏季海上大风强度较大，发生频率较高；春季和秋季是一个过渡期，风力一般不大，发生频率也有所降低。海上大风的研究是一项十分重要的工作，将海上大风发生的规律研究透彻，可以很好地把握灾害性海浪、风暴潮等其他海洋气象灾害的规律，进而保障近海海洋资源的开发。

2. 风暴潮

风暴潮又被称为“风暴增水”“风暴海啸”“气象海啸”等，是在强冷空气、温带气旋、热带气旋等气象因素作用下引起海平面异常升高的现象。如果恰逢天文大潮期，往往导致海面在短时间内急剧暴涨，严重破坏近海海洋基础设施、渔船、滨海公路等，严重影响近海海洋资源的开发，危及我国沿海地区人民群众生命和财产安全。从国家海洋局历年海洋灾害公报可以看出，风暴潮灾害是造成我国近海海域经济损失最大的灾害，约占我国近海海洋灾害经济损失的 97%。一般来讲，以下 3 个条件是形成严重风暴潮必须具备的：①持续时间较长的强烈向岸大风；②“喇叭口”状海湾或者地势平坦的海滩等海岸带地形；③适逢天文大潮期。在海洋气象学上，通常把风暴潮分为台风风暴潮和温带风暴潮两大类，台风风暴潮由热带气旋引发，增水剧烈，危害大，多发生于我国东南沿海地区；温带风暴潮由温带气旋、强冷空气等气象因素引发，增水相对缓慢，持续时间较长，多发生于我国长江口以北的黄海、渤海海域，尤其渤海湾和莱州湾是温带风暴潮的重灾区。按照风暴增水的多少，把风暴潮分为 7 个等级，如表 3-2 所示。表 3-3 统计了我国 1951～2016 年以来所发生的特大台风风暴潮。

表 3-2　风暴潮等级划分

等级	名称		超过警戒水位参考值	增水/cm
0	轻风暴潮	轻度潮灾	接近或者超过/m	30～50
1	小风暴潮			51～100
2	一般风暴潮	较大潮灾	>0.5	101～150
3	较大风暴潮			151～200
4	大风暴潮	严重潮灾	>1	201～300
5	特大风暴潮	特大潮灾	>2	301～450
6	罕见特大风暴潮			≥450

表 3-3　1951～2016 年我国特大台风风暴潮灾害统计

日期	名称（编号）	观测站	增水/cm	受灾区域	死亡人数	经济损失/亿元
1951 年 8 月 1 日	Wanda（5612）	澉浦	502	杭州湾等	4 629	—
1965 年 7 月 15 日	Fred（6508）	南渡	287	雷州半岛等	—	1
1969 年 7 月 18 日	Viola（6903）	汕头	302	粤东	1 554	—
1969 年 9 月 27 日	Elsie（6911）	梅花	199	闽江口等	7 770	1
1974 年 8 月 20 日	Mary（7413）	山	224	长江口、杭州湾	189	3
1980 年 7 月 22 日	Joe（8007）	南渡	594	雷州半岛、海南	414	5
1981 年 9 月 1 日	Agnes（8114）	吕泗	203	珠江三角洲	53	—
1986 年 7 月 21 日	（8609）	石头	117	浙江台州等	37	39.0
1986 年 9 月 5 日	Wayne（8616）	南渡	352	雷州半岛、海南	20	4.7
1989 年 7 月 18 日	Gordon（8908）	三灶	176	珠江三角洲	30	11.1
1989 年 9 月 15 日	Vera（8923）	海门	146	浙江台州等	175	13.2
1990 年 9 月 8 日	Dot（9018）	温州	241	闽、浙沿海地区	110	12.2
1991 年 8 月 16 日	Fred（9111）	南渡	384	雷州半岛等	21	12.9
1992 年 8 月 30 日	Polly（9216）	瑞安	203	闽、浙、鲁等	276	92.6
1993 年 9 月 17 日	Becky（9316）	灯笼山	162	珠江三角洲	7	15.2
1994 年 8 月 21 日	Fred（9417）	温州	269	闽、浙沿海	1 216	117.6
1996 年 7 月 31 日	Gloria（9608）	梅花	225	闽、浙沿海	122	79.5
1997 年 8 月 18 日	Winnie（9711）	健跳	261	浙、苏、鲁沿岸	239	337.00
2002 年 9 月 7 日	森拉克（0216）	鳌江	321	闽、浙、沪沿岸	30	62.2
2003 年 7 月 24 日	伊布都（0307）	北津	319	粤、桂沿海	3	23.0
2004 年 8 月 12 日	云娜（0413）	海门	350	闽、浙、沪沿岸	22	21.5
2005 年 7 月 19 日	海棠（0505）	梅花	237	闽、浙沿海	3	32.4
2005 年 8 月 6 日	麦莎（0509）	澉浦	241	浙、沪、苏沿海	29	35.2
2005 年 9 月 11 日	卡努（0515）	海门	320	浙、沪、苏沿海	18	22.2
2005 年 9 月 26 日	达维（0518）	南渡	197	琼、粤沿海	25	121.3
2006 年 8 月 10 日	桑美（0608）	鳌江	401	闽、浙沿海	326	70.2

续表

日期	名称（编号）	观测站	增水/cm	受灾区域	死亡人数	经济损失/亿元
2007 年 9 月 19 日	韦帕（0713）	鳌江	228	浙江沿海	0	7.79
2008 年 9 月 24 日	黑格比（0814）	北津	270	粤、桂、琼沿海	26	132.74
2009 年 8 月 9 日	莫拉克（0908）	琯头	232	闽、浙、苏沿海	0	32.65
2009 年 9 月 15 日	巨爵（0915）	三灶	210	粤、桂、琼沿海	19	24.04
2010 年 7 月 22 日	灿都（1003）	水东	196	粤、桂沿海	5	32.15
2011 年 9 月 29 日	纳沙（1117）	南渡	399	粤、桂、琼沿海	0	31.06
2012 年 8 月 2 日	达维（1210）	连云港	178	冀、鲁、苏沿海	0	41.75
2012 年 8 月 6 日	海葵（1211）	澉浦	323	苏、沪、浙沿海	0	42.38
2013 年 9 月 21 日	天兔（1319）	海门	201	闽、粤沿海	0	64.93
2013 年 10 月 6 日	菲特（1323）	鳌江	375	浙、闽沿海	0	34.92
2014 年 7 月 17 日	威马逊（1409）	南渡	392	粤、桂、琼沿海	0	80.80
2014 年 9 月 15 日	海鸥（1415）	南渡	495	粤、桂、琼沿海	0	42.75
2015 年 8 月 7 日	苏迪罗（1513）	琯头	225	浙、闽沿海	0	24.69
2016 年 9 月 28 日	鲇鱼（1617）	琯头	222	浙、闽沿海	0	8.92

从我国 1951～2016 年所收集的海洋灾害资料来看，特大台风风暴潮集中发生在每年的 7～9 月，受灾区域主要是我国东南沿海的浙江、福建、广东等省份的沿海区域。此外，虽然温带风暴潮造成特大风暴潮灾害的概率较小，但也不能完全忽视。2007 年 3 月 3 日发生在辽宁、河北、山东沿海的“0303”特大温带风暴潮，给以上 3 个省造成了 40.65 亿元的直接经济损失，最大风暴增水 202cm，发生在烟台莱州湾羊角沟验潮站。

3. 海浪

海浪是一种常见的海洋现象，蕴藏着巨大的能量，也往往容易造成严重的灾害。由于风在海面运动而引起的海面波动就是海浪，海浪的周期一般在 0.15～25s，波长在十几厘米到数百米，波高在数厘米到 20m，在极罕见的气象条件下，波高可以达到 30m 以上。2011 年 3 月 11 日，日本东北部海域发生 9.0 级地震，地震引发的海啸，给日本造成了极大的人员伤亡和经济损失，日本岩手县的海洋观测站观测到的最高海啸波幅达 40 余米。通常把波高大于 6m 的海浪称为灾害性海浪，研究表明：在诸多海洋灾害造成的破坏中，海上自然破坏力的 90%来自于海浪，仅 10%的破坏力直接来自于海上大风[132]，一般灾害性海浪的破坏力可达 30～40t/m^2。灾害性海浪往往容易造成恶性海难，摧毁近海海洋工程，给海洋渔业捕捞、近海海洋资源开发、海上航运等带来极大危害。即使在科学技术发达、信息通畅的今天，由海上狂风巨浪造成的海难仍占世界海难的 70%[132]。

按照不同标准海浪有诸多分类，以引起海浪的气象因素来划分，可以分为热带气旋引起的太风浪、温带气旋引起的气旋浪和强冷空气引起的寒潮浪。海上大风是引起灾害性海浪的必不可少条件，综合来看，灾害性海浪的形成需要具备 3 个条件：①风速；

②风区，即风在下风向作用于水面的距离；③风时，即风的持续时间。一般来讲，风越大、风区距离越长、风时越长，灾害性海浪就会越高，浪高和风速、风区、风时是正相关。表3-4是海浪和风速及海况之间的一般对应关系。

表3-4　海浪和风速及海况之间的一般对应关系

蒲福风力等级	风速/（m/s）	海浪名称	海面状态	浪高/m	
				平均浪高	最高浪高
0	0.0～0.2	无浪	海面平静如镜	0.0	0.0
1	0.3～1.5	无浪	波纹呈鱼鳞状，浪头无白沫	0.1	0.1
2	1.6～3.3	无浪-小浪	有微波，波峰顶呈玻璃状，但未破碎	0.2	0.3
3	3.4～5.4	小浪	微波较大，波峰开始破碎，间或出现白浪	0.6	1.0
4	5.5～7.9	小浪-中浪	小浪，形状开始拖长，且频繁出现	1.0	1.5
5	8.0～10.7	中浪-大浪	中浪，形状开始拖长，白浪较多，间有浪花飞溅	2.0	2.5
6	10.8～13.8	大浪	大浪开始出现，白浪到处可见，浪花较多	3.0	4.0
7	13.9～17.1	大浪	风浪涌起，风将碎浪白沫随风吹成条纹	4.0	5.5
8	17.2～20.7	非常大浪	形成大浪，波峰开始破碎成浪花，飞沫沿风向被吹成明显条纹	5.5	7.5
9	20.8～24.4	非常大浪-巨浪	形成大浪，沿风向形成浓密飞沫条纹，风浪开始倒卷，激溅浪花影响能见度	7.0	10.0
10	24.5～28.4	巨浪	出现长卷峰非常大浪，导致飞沫成片，被吹成明显条纹，并随风被吹成浓厚白色条纹，整个海面呈白色，波涛汹涌，咆哮轰鸣，能见度受到影响	9.0	12.5
11	28.5～32.6	非常巨浪	波涛汹涌，浪高足以遮掩中型船只，海面被随风白色飞沫完全覆盖，能见度低	11.5	16.0
12	32.7～36.9	极巨浪	海面空气充满浪花白沫，能见度受到严重影响	14.0	—
13	37.0～41.4	极巨浪	海面空气充满浪花白沫，能见度受到影响	—	—
14	41.5～46.1	极巨浪	海面空气充满浪花白沫，能见度受到影响	—	—
15	46.2～50.9	极巨浪	海面空气充满浪花白沫，能见度受到影响	—	—
16	51.0～56.0	极巨浪	海面空气充满浪花白沫，能见度受到影响	—	—
17	56.1～61.2	极巨浪	海面空气充满浪花白沫，能见度受到影响	—	—

4. 海雾

海洋具备巨大而广阔的水体，海洋上空的低层大气中聚集着丰富水汽，由于水汽遇冷凝结，使得水平能见度低于1km，便形成了海雾，海雾的厚度一般是200～400m。海雾形成后会随着海风向下风向扩展，如果风吹向陆地，海雾还会向陆地扩展。海雾对海洋资源开发的影响主要体现在海雾发生后，能见度降低，对海洋运输、海洋捕捞、海洋开发有较大影响。海雾扩展到陆地，由于雾气中含有多种盐分，会对建筑物造成不同程度的侵蚀。按照海雾形成的条件，可以把海雾分成锋面雾、平流雾、辐射雾、混合雾等类型，海上较常见的是锋面雾和平流雾。在我国近海从南部的北部湾、琼州海峡经台湾海峡到北部的黄海、渤海均有海雾灾害发生，总体来说，海雾呈现带状分布，雾带南窄北宽，海雾灾害南少北多。海雾的形成一般要具备以下几个条件：①温度低的海面，20℃以下（并非各海区都是一样的，如黄海北部8月份的雾就发生在表面水温低于24℃的海面上），南北方有一定的差异；②一定的海气温差，海气温度高于海水温度0～6℃，其中，海气温度高于海面水温1℃时，海雾发生的最多，当温差达到8℃及以上时，海雾极少出现；③适宜的风场，风向和风速对海雾形成影响较大；④充足的水汽含量，一般为80%～100%；⑤较强的逆温层；⑥特定的大气环流形势。总体来说，海雾的形成是一个复杂的过程，是多个因素共同作用的结果。

3.2.2　海洋生态灾害

海洋生态系统是整个地球岩石圈和水圈较为重要的生态系统之一，是整个地球生态系统的重要组成部分。海洋生态灾害是由自然条件变异，或者人类改造、利用自然过程中产生的有害因素，损害海洋和海岸生态系统的灾害。常见的海洋生态灾害有赤潮、绿潮、海上溢油事故等。

1. 赤潮

赤潮是在特定的海洋环境条件下，海洋水体中某些微小的原生动物、浮游植物或细菌突发性地增殖或者高度聚集，引起一定范围内的水体在一段时间内变色的现象。人类很早就有关于赤潮的记载，国外的《旧约·出埃及记》《贝格尔航海记录》及我国清代蒲松龄的《聊斋志异》等著作都有记载赤潮的发生，可以说赤潮是一种自然现象。赤潮不一定都是红色的，由于赤潮发生的原因及生物细菌种类、数量的不同，水体会呈现红色、砖红色、棕色、黄色、绿色等不同颜色。赤潮究竟是一种原本就存在的自然现象，还是人类发展过程中产生的污染物污染海洋环境所致，在学界是有争议的，至今尚未得出统一的结论，但是有一点是可以肯定的，赤潮发生的频率随着近代现代人类社会的发展而增加，显然，人类改造自然、利用自然的某些活动加剧了赤潮的爆发。赤潮要在某一海域爆发至少要具备以下几个条件：①物质基础和首要条件——海洋水体富营养化。海水中的氮、磷等营养盐类，锰、铁等微量元素，还有有机物要大量增加，促进赤潮生物在短时间内增殖。②海洋水文气象和海水理化因子的变化——诱发因素。海洋水体温度 20～30℃是赤潮发生的适宜温度，海水盐度为 15‰～21.6‰时易诱发赤潮。③其他环境条件，如风、海浪、洋流、日照等因素对赤潮的发生也有很大影响。赤潮灾害的危害在于首先大多数赤潮生物是有毒的，其他海洋生物进食后会导致中毒死亡；其次，赤潮破坏了海洋生态环境中的正常生产过程，中断食物链，威胁海洋生物生存；再者，赤潮生物死后尸体分解过程中需要大量消耗海水中的氧，致使局部形成缺氧环境，导致鱼虾、贝类大量死亡。

2. 绿潮

绿潮是不同于赤潮的海洋灾害，在特定的海洋环境条件下，海洋水体中的某些大型绿藻突发性地增殖或者高度聚集，覆盖在海面上，被风浪卷到海岸后腐败产生有害气体，影响海洋景观且破坏海洋生态平衡。绿潮爆发的原因和赤潮类似，海洋水体中的氮、磷等营养盐和有机物增多导致的海水富营养化是绿潮灾害爆发的首要原因。导致绿潮的大型藻类有几十种，在我国近海有十几种大型藻类可导致绿潮，如浒苔、石莼等，我国黄海海域 2008～2012 年连续 5 年在夏季爆发绿潮灾害。绿潮对海洋的危害和赤潮相类似，大型绿藻覆盖在海面上遮蔽阳光，导致海底的藻类无法正常生长；大型藻类死亡后分解过程中要消耗海水中大量的溶解氧，导致水体缺氧；严重影响海洋景观、干扰海洋旅游观光和水上运动的进行。

3. 海上溢油

在海洋石油资源开发过程中，由于海洋平台、海洋立管等采油设施在风浪等海洋灾害作用下，出现故障导致输油管路破损或者海洋平台倾覆，而引起的原油泄漏就是海上溢油事故。海洋石油资源的开发难度要远远高于陆地石油资源的开发，技术因素、管理因素、海洋灾害因素均可导致海上溢油事故的发生。一旦发生海上溢油事故，对相关区域海洋环境、海洋生态系统的破坏是极其严重的，甚至是毁灭性的破坏。另外，在海洋运输过程中，船体触礁、碰撞、沉没等事件的发生也会导致海上溢油事件。

3.2.3 海洋地质灾害

海洋地质灾害是地质灾害的一种，是由于海洋地质活动或者海洋地质环境异常变化而引发的自然灾害。海洋地质灾害是在地球内动力、外动力和人为地质动力的作用下所发生的地球内部能量释放、物质运动、地球岩土体变形位移、环境异常变化等现象[133,134]。海洋地质灾害类型众多，剧烈的海洋地质灾害类型有地震及断裂活动，以及地震所引发的海啸等；较为舒缓的类型有海岸侵蚀、海水入侵与倒灌、港口与海湾淤积等。剧烈海洋地质灾害会严重破坏海洋平台、海底电缆、海底管线等海洋工程和设施；舒缓的海洋地质灾害经过日积月累也会严重影响港口与海湾的正常使用，影响正常的海洋运输、海水养殖等产业的发展。

3.2.4　其他灾害

1．*海冰*

海冰是地处高纬度的海洋特有的一种海洋灾害，是主要的海洋灾害之一，有“白色灾害”之称。狭义的海冰指在低温条件下海水冻结而形成的冰，广义的海冰还包括从陆地流入海洋的冰川冰、湖冰和河冰等。按照海冰的运动状态可以把海冰分为流冰和固定冰；按照其发生发展阶段可以分为初生冰、尼罗冰、饼冰、初期冰、一年冰和老年冰 6 个类型。我国近海海冰灾害主要发生在纬度较高的渤海和北黄海海域，尤其是在鸭绿江河口、辽河口、黄河口、海河口等河口冰情较为严重。在不同年份，由于环境温度的差异，海冰灾害的严重程度会有不同。2012 年 12 月～2013 年 2 月，是二十多年来渤海、北黄海海域冰情最严重的年份。海冰的主要危害是破坏海堤、防波堤等近海工程设施，威胁船只阻碍航运，影响近海养殖业和渔业。

2．*咸潮与海水入侵*

咸潮与海水入侵是指在海水涨潮时，海水沿着河道向河流上游上溯，造成河流含盐度增加的水文现象，该种海洋灾害一般发生在河流枯水期，我国的咸潮与海水入侵灾害主要发生在珠江口地区。咸潮与海水入侵会导致河水盐度过高，严重影响人类的生产生活，并且会导致河流两岸土壤、地下水盐度升高，影响农作物正常生长。

3.3　我国主要海洋灾害的时空分布规律

3.3.1　我国海洋灾害特征

海洋灾害对人类的影响和破坏，不仅仅取决于海洋灾害本身。研究海洋灾害对近海资源开发的影响，需要把海洋灾害放到一个特定的环境中，即我国近海海洋环境，综合考虑海洋灾害发生规律、地理环境、经济社会发展状况、人口分布、区域应灾能力等方面对灾害影响的放大作用和缩小作用，细致准确地评价海洋灾害对近海海洋资源开发的影响。根据前文所述，我国近海海域独特的地理环境，近海资源分布，沿海一线经济社会发展状况，人口分布特征等因素共同决定了我国近海主要海洋灾害是风暴潮、灾害性海浪、海冰、海啸和赤潮。根据历年国家海洋局公布的海洋灾害公报，以上五大灾害也造成了我国近海严重的经济损失、人员伤亡和环境破坏。笔者根据历年的海洋灾害公报和海洋统计年鉴等资料总结了我国主要近海海洋灾害的主要特征，如表 3-5 所示。

表 3-5　我国主要近海海洋灾害的主要特征

灾害类型	衡量尺度		发生频率和特点
	时间尺度	空间尺度	
台风风暴潮	数十分钟至数十小时	数十至千余千米	显著灾害每年 2.46 次，严重和特大灾害 2～3 年一次
温带风暴潮	数十分钟至数十小时	数十至千余千米	显著灾害每年 1.29 次，严重灾害 15～20 年一次
海浪	数小时至数十、百余小时	数百至千余千米	1990～2010 年造成显著损失灾害 113 次，严重、特大海难事故 20 余次
海冰	数天至数十天	数千至数万平方千米	平均每 10 年一次严重冰情灾害，特大海冰灾害发生在 1969 年、1987 年、2012 年
海雾	数小时至数十、百余小时	数千至数万平方千米	发生的季节性较强，主要发生在冬季、春季
赤潮	数天至数十天	数百至数千平方千米	发生次数：1933～1980 年 19 次，1981～1990 年 208 次，1991～1999 年 180 次，2000～2006 年 500 余次
海啸	2～120min	数十至数千、万千米	平均 200 余年发生 1 次破坏性海啸，毁灭性海啸可能从未发生过
海岸侵蚀	数月至数十年	数十至数千千米	长年累月缓慢发生，严重风暴潮期间侵蚀过程加快，一次特大风暴潮，如 9216 号风暴潮，在苏北沿岸的侵蚀速度是常年的十余倍
沿海地面沉降	数月至数十年	数十至数百、千平方千米	1980 年前仅上海、天津地面沉降严重，目前沿海已有 20 余个中等城市，包括南方的一些城市也发生地面沉降
港湾河口淤积	数月至数十年	数十至数千平方千米	长年累月缓慢发生，严重风暴潮期间侵蚀过程加快，近年由于大江大河来沙减少或中断，有的停止淤积，甚至转为侵蚀

注：海雾、海岸侵蚀、沿海地面沉降、港湾河口淤积等灾害无详细统计资料。

3.3.2　灾害发生的时空分布规律

2001～2016 年，我国近海共发生海上大风、风暴潮、灾害性海浪、赤潮、海冰 5 种海洋灾害 1959 次，平均每年约为 126 次；造成 2619 人死亡（失踪），造成直接经济损失 1956 亿元人民币，约占全部海洋灾害经济损失的 99.1%。其中，风暴潮是造成直接经济损失最大的海洋灾害，为 1879.63 亿元，约占全部海洋灾害经济损失的 96%；灾害性海浪是造成人员伤亡最多的海洋灾害，造成死亡（失踪）1576 人，约占全部死亡（失踪）人数的 69%。因此，本书研究海洋灾害的时空分布规律，主要是研究海上大风、风暴潮、灾害性海浪 3 种海洋灾害的时空分布规律。

1．海上大风的时空分布规律

我国近海海域从最北端的渤海到最南端的南海跨越近 40 个纬度，涵盖热带、亚热带和温带 3 个温度带，海域面积 300 多万平方千米。气候的变化使得不同海域海上大风发生时间差异很大。

渤海和北黄海的海上大风主要受强冷空气和温带气旋的影响，受热带气旋影响较小。根据统计资料，该海域大风日数最多、平均风速最大的时间段是冬季，春季和秋季次之，夏季最小。渤海和北黄海海域冬季平均风速为 6～7m/s，11%～19%的时间处于 6 级以上的大风影响之下，如表 3-6 所示。另外，该海域受温带季风气候的影响，夏季盛行东南风，9 月到翌年 5 月左右盛行西北风。

南黄海海域的海上大风主要受强冷空气、温带气旋、热带低压的交替影响。根据统计资料，该海域大风日数最多、平均风速最大的时间段是冬季，夏季和秋季次之，春季最小，盛行北到西北风，如表 3-7 所示。

表 3-6　渤海和北黄海海上大风发生时间及强度规律

时间	平均风速/（m/s）	6 级及以上大风天气时间所占比例/%
春季	4～5	5
夏季	4	2～4
秋季	4～5	5
冬季	6～7	11～19

表 3-7　南黄海海上大风发生时间及强度规律

时间	平均风速/（m/s）	6 级及以上大风天气时间所占比例/%
春季	4～6	<5
夏季	5～6	5～10
秋季	5～6	5～10
冬季	6～8	10～24

东海海域的海上大风主要受强冷空气、温带气旋、热带气旋交替影响，夏秋季节受到西北太平洋热带气旋影响较大。根据统计资料，该海域大风日数最多、平均风速最大的时间段是冬季，夏季次之，春季和秋季最小，盛行东北风，如表 3-8 所示。

表 3-8　东海海上大风发生时间及强度规律

时间	平均风速/（m/s）	6 级及以上大风天气时间所占比例/%
春季	5～7	6～9
夏季	6～7	7～9
秋季	5～7	6～9
冬季	8～9	20～25

南海海域在夏秋季节受到西北太平洋热带气旋影响较大。根据统计资料，该海域大

风日数最多、平均风速最大的时间段是冬季，夏季和秋季次之，春季最小，盛行偏东风，如表 3-9 所示。

表 3-9　南海海上大风发生时间及强度规律

时间	平均风速/（m/s）	6 级及以上大风天气时间所占比例/%
春季	4～5	2～4
夏季	7～8	15～20
秋季	7～8	15～20
冬季	11～12	40～55

2. 风暴潮的时空分布规律

按照引发风暴潮气象因素的不同可以分为台风风暴潮和温带风暴潮，我国东临太平洋，西北太平洋是全球 8 个台风生成区中生成热带气旋频率最高的海域，也是生成台风强度最大的海域。在西北太平洋沿岸诸多国家中，我国是遭受台风袭击次数最多的国家，占登陆台风总数的 34%。台风风暴潮灾害主要集中在夏季和秋季；冬季和春季的风暴潮灾害主要是由冷空气和温带气旋引发的温带风暴潮。表 3-10 是我国沿海风暴潮成灾情况统计。

表 3-10　我国沿海风暴潮成灾情况统计

增水及成灾	台风风暴潮	温带风暴潮
年增水 1m 以上的风暴潮次数	约 6 次	约 11 次
年形成灾害次数	约 2.4 次	约 1.4 次
超过当地警戒水位 30cm 以上风暴潮次数	约 280 次	

渤海是一个半封闭的内海，其南岸和西岸地势较为平缓，海面每升高 1m，海水就会侵入陆地 5～10km，此类地势特别容易形成严重的风暴潮灾害。渤海海域的渤海湾和莱州湾是世界上温带风暴潮灾害较严重的地区之一。渤海湾一年四季均有风暴潮灾害发生，发生次数较多。夏季和秋季主要发生台风风暴潮，温带风暴潮主要发生在春季、秋季和冬季。莱州湾风暴潮灾害 91%是由冷空气和温带气旋引起的，热带风暴引起的风暴潮仅占 9%[135]。每年的 11 月至翌年 4 月，是莱州湾温带风暴潮的多发时段。2007 年 3 月 4 日，强冷空气引发的风暴潮，致使渤海中部海面最大风力达到 11 级，莱州湾羊角沟验潮站最大增水 202cm，超当地警戒水位 70cm，此次风暴潮灾害造成山东省直接经济损失 17 亿元。

黄海海域的风暴潮灾害主要集中在黄海西岸的山东岸带和江苏岸带，灾害较为严重的是江苏岸带。江苏岸带地势低洼平坦是典型的平原岸带，易于形成较严重潮灾。黄海西岸的风暴潮灾害主要集中在夏季和冬季，夏季热带气旋可造成严重的灾害，冬季强冷空气和寒潮也会造成灾害。该海域的台风风暴潮灾害平均每年发生 1.3 次，致灾时间多集中在 7～9 月。

东海海域的风暴潮灾害主要是由强热带气旋造成的，根据现有的文献资料和东海岸带特点，把东海岸带大致分成上海岸段、浙江岸段、福建岸段和台湾岸段 4 个部分，各个岸段风暴潮的发生各有特点。上海岸段地势低洼平坦，地面高程一般在 3～3.5m，最低位置仅有 2.3m，其中大约 25%的地面低于 3.0m；该地带又有长江入海口“喇叭口”状河口，南临杭州湾。以上地势特点较容易发生严重的风暴潮灾害。1949～2016 年，该岸段发生的严重强风暴潮灾害 81 次，平均每年 1.2 个，致灾时间集中在 7～9 月，其中 8 月发生次数最多。一般来说，冷空气和温带气旋造成的风暴潮对该岸段影响较小。浙江岸段海岸形状复杂多变、海湾众多。从近 35 年的统计资料看，该岸段增水 50cm 及以上的台风风暴潮平均每年大约 2.5 次；增水 100cm 及以上的台风风暴潮平均每年大约 1.5 次。浙江岸段的风暴潮灾害主要发生在 6～10 月，其中 7～9 月发生次数最多。2005 年以来，在浙江岸段登陆的台风“麦莎”“卡努”“桑美”等均引发了特大风暴潮灾害，给该岸段的人民群众生命财产造成了极大损害。一般来说，冷空气和温带气旋造成的风暴潮对该岸段影响较小。福建岸段的风暴潮灾害主要是由强热带气旋造成的，登陆和影响福建岸段的热带气旋平均每年 5.6 个。从统计资料来看，该岸段增水 50cm 及以上的台风风暴潮平均每年大约 2 次；增水 100cm 及以上的台风风暴潮平均每年 0.9 次。福建岸段的风暴潮灾害主要发生在 6～10 月，其中 7～9 月发生次数最多，超过当地警戒水位的风暴潮灾害 9 月最多。一般来说，冷空气和温带气旋造成的风暴潮对该岸段影响较小。台湾岸段风暴潮灾害主要发生在西海岸和东北海岸，时间集中在 4～11 月，其中 7～9 月发生次数最多。一般来说，冷空气和温带气旋造成的风暴潮对该岸段影响较小。

南海海域的风暴潮灾害主要是由强热带气旋造成的，根据现有的文献资料和南海岸带特点，把南海岸带大致分成广东岸段、海南和广西岸段两部分。广东岸段是全国沿海岸段台风风暴潮灾害最严重的区域，根据统计资料，该岸段平均每年遭受 5～6 次强热带气旋袭击，每年发生较严重的风暴潮灾害 1～2 次，甚至有的年份可能发生 3～4 次严重风暴潮灾害，如 2006 年、2007 年、2009 年。广东岸段的风暴潮灾害主要发生在 5～10 月，其中 7～9 月发生次数最多。广东岸段的台风风暴潮灾害主要集中在汕头地区、珠江口地区、雷州半岛及湛江地区 3 个地带。海南和广西岸段也是全国沿海岸段台风风暴潮灾害严重的区域之一，但是由于海南岛海岸坡度较大，岛周围海水较深，不利于海水侵入和堆积，故增水大多在 100cm 以下。海南岸段平均每年遭受 6～7 次热带气旋袭击，每年发生较严重的风暴潮灾害 1～2 次，时间集中在 7～10 月。广西岸段由于北部湾的半封闭性，潮灾要严重一些，该岸段风暴潮灾害主要发生在 5～11 月，其中 7～9 月发生次数最多，平均每年有 2 次严重的风暴潮灾害。一般来说，冷空气和温带气旋造成的风暴潮对该岸段影响很小。

3. 灾害性海浪的时空分布规律

按照引发海浪的气象因素的不同把海浪分为台风浪、气旋浪（温带气旋引发）、冷空气浪（也称寒潮浪）。我国近海海域受到热带气旋、温带气旋和冷空气的影响，夏季东海和南海以台风浪为主，春季、秋季和冬季的渤海、黄海和东海主要以气旋浪和冷空气浪为主。根据近 23 年的海洋气象资料统计，我国近海 4m 以上的巨浪平均天数，渤海为 26 天，黄海为 95 天，东海为 123 天，台湾海峡为 160 天，南海为 169 天。图 3-1 为我国近海灾害性海浪平均每月发生次数统计，我国近海的灾害性海浪主要集中在 10 月至翌年 1 月，其中 11 月最多，为 123 次；4 月和 5 月最少，只有不到 10 次。10 月至翌年 2 月共发生 449 次，占总数的 63%；3～6 月共发生 79 次，占总数的 10%。

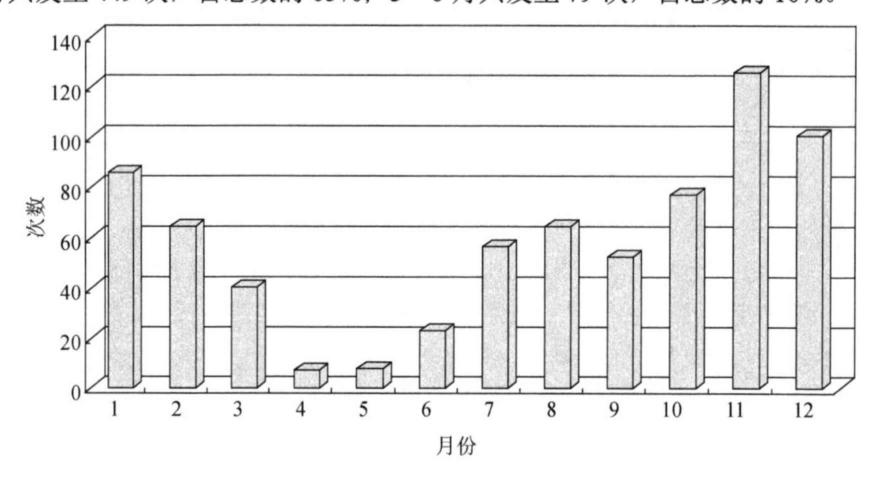

图 3-1　我国近海灾害性海浪平均每月发生次数统计

我国近海 4 个海域受不同气象因素的影响，加之各自地理状况的差异，灾害性海浪发生时间、海浪方向差别很大，如表 3-11 所示。渤海、黄海的灾害性海浪主要是气旋浪和冷空气浪，主要发生在每年的冬季和春季；东海海域是我国灾害性海浪最严重、最猛烈的区域，该区域受到热带气旋、温带气旋和冷空气的影响，灾害性海浪爆发频率最高，全国 56%的海浪灾害在此海域发生；南海主要海浪灾害是台风浪，爆发时间和热带气旋产生时间相吻合，全年 5～11 月都会发生，主要集中在 7～10 月。图 3-2～图 3-4 是我国近海 6m 及以上的台风浪、冷空气浪和气旋浪的逐月统计，由图中可以看出，台风浪主要发生在 7～11 月；冷空气浪主要发生在 11 月至翌年 2 月；气旋浪发生次数远远少于台风浪和冷空气浪，主要集中在 10 月至翌年 3 月。影响我国近海的温带气旋主要是黄河气旋、江淮气旋和东海气旋。

表 3-11　我国近海灾害性海浪统计

海域	平均水深/m	最大水深/m	灾害性海浪年平均次数/次	灾害性海浪主要方向	灾害性海浪类型
渤海	18	70	0.9	秋冬季为北向，春季为南向和西南向，夏季为南向	气旋浪、冷空气浪
黄海	44	140	5.9	冬季为北向，春夏季为南向和东南向，秋季为西北向	气旋浪、冷空气浪
东海	370	2 719	9.8	秋冬季为北向和东北向，春季为东向和北向，夏季为南向和东南向	台风浪、冷空气浪、气旋浪
台湾海峡	—	—	6.1	秋冬季为北向和东北向，春季为东向和北向，夏季为南向和东南向	台风浪、冷空气浪
南海	1 212	5 377	14.1	冬春季为东北向，夏季为南向和西南向，秋季为东北向	台风浪

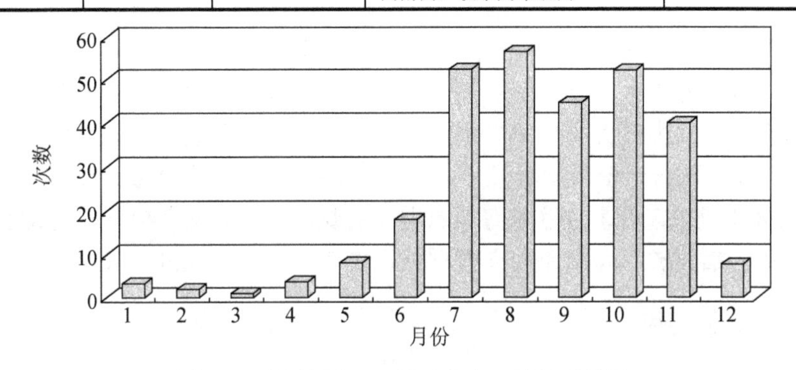

图 3-2　我国近海 6m 及以上台风浪逐月统计

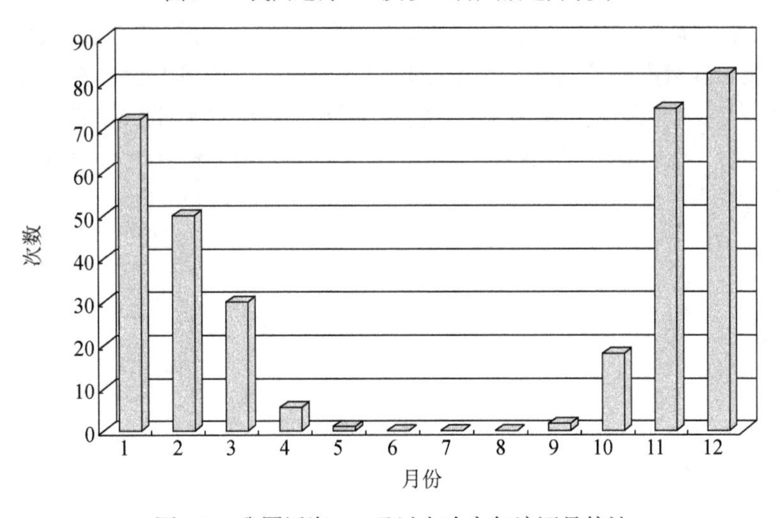

图 3-3　我国近海 6m 及以上冷空气浪逐月统计

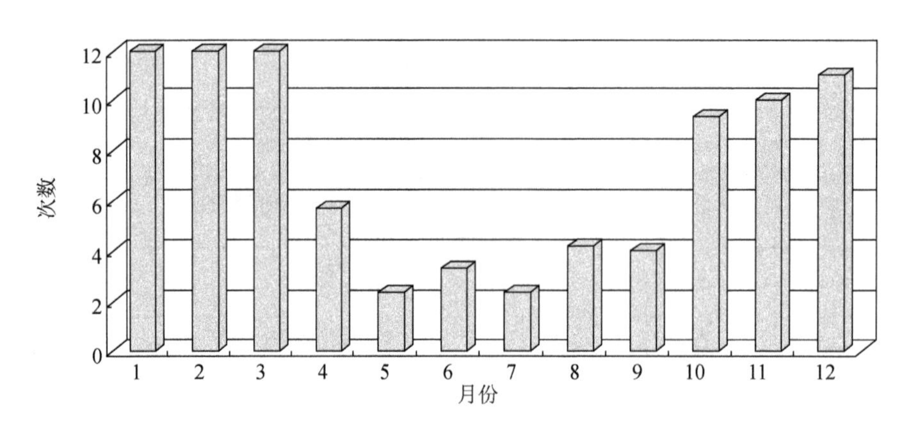

图 3-4　我国近海 6m 及以上气旋浪逐月统计

4. 我国主要海洋灾害的地域特征

我国东部沿海 11 个省（自治区、直辖市）的地理位置、气候条件、海洋资源开发的差异明显，海洋灾害对各地海洋资源开发的影响也是不同的。从总体上来看，造成我国近海人员和财产损失最大的海洋灾害是风暴潮，其次是海浪灾害。另外，辽宁省的海冰灾害比较严重，从统计资料来看几乎每 5 年会爆发一次严重的海冰灾害，造成较大经济损失；2008 年以来，山东省近海海域绿潮（主要是浒苔）灾害频发，造成了一定经济损失；浙江省、福建省近海的赤潮灾害频发，也造成了一定经济损失。

3.3.3 灾害的其他规律

海洋灾害不是孤立、单一、静态的，往往一种海洋灾害的发生会导致其他海洋灾害并发或者串发，从而形成灾害链。灾害链是指由一种灾害爆发而引发的其他灾害并发或者串发的现象。自然灾害及其他灾害都会形成灾害链，我国近海海洋灾害比较常见的灾害链有台风-大风灾害链、台风-暴雨-洪涝灾害链、台风-风暴潮灾害链等。在应对一种海洋灾害的同时，我们要考虑该种灾害可能形成的灾害链，充分、全面地防御海洋灾害。

第4章　海洋灾害影响我国近海海洋资源开发的机理分析

4.1　我国近海海洋资源开发的主要影响因素

自然资源是人类社会发展的物质基础，是社会经济发展必不可少的重要条件。海洋资源属于自然资源，在科学技术高度发达的今天，人类几乎已经完成了对陆地自然资源的勘探，清楚地掌握了陆地自然资源分布、蕴藏量及开发利用难度，对陆地自然资源的开发也越来越科学合理。正因如此，人类越来越意识到陆地资源难以满足人类社会发展的需求。很多专家和学者很早就指出，21世纪是海洋的世纪，对海洋资源的开发利用情况在很大程度上决定了一个国家未来发展的高度。近海海洋资源分为海洋矿产资源、海洋生物资源、海水及海水化学资源、海洋能资源、海洋旅游资源、海洋空间资源六大类，对此六大类近海海洋资源的开发除了受到政策的影响，还受到科学技术、管理、海洋灾害、海洋生态等其他诸多因素的影响。

4.1.1　科学技术影响因素

海洋资源不同于陆地资源，海洋资源蕴藏于海洋水体、海洋上部空间和海洋水体以下空间之中。海洋水体具有流动性、传递性，蕴藏着巨大的波浪动能，海洋表层水体的温度随环境温度的变化而变化；巨大的海洋水体还是海水及海水化学资源、海洋能资源、海洋矿产资源的载体，是海洋生物资源的母体，是海洋旅游资源、海洋空间资源本体。因此，要开发利用海洋资源必须首先具备开发资源所需的技术条件。科学技术是近海海洋资源开发决定性因素之一。科学技术决定了对海洋资源的勘探程度，海洋资源蕴藏量估计的准确程度也依赖科学技术；在海洋资源的开发过程中，技术因素是一道门槛，是开发任何一种海洋资源所必须首先具备的。如果不具备开发某种海洋资源的技术条件而强行开发利用该种海洋资源，带来的后果往往是灾难性的，很多案例充分证明了这一论断。例如，世界上很多沿海国家都在开发利用近海油气资源，近海油气资源开发需要具备成熟的开发技术，拥有先进的海洋平台和海洋立管等开发设备，还要有专业技术人员进行操作和管理。以上 3 个条件是不可或缺的，一些国家由于不具备以上技术条件而强行开发，导致发生漏油事故，严重污染了海洋水体，直接影响海洋生物资源、海水及海水化学资源等其他海洋资源的开发，甚至影响沿海居民的正常生活，酿成沉重的海洋生态灾难。

4.1.2 管理影响因素

近海海洋资源开发是海洋开发的重要组成部分，近海海洋资源的开发需要制定详细、具体、全面、科学的海洋资源开发计划或者战略规划。在 20 世纪 80～90 年代和 21 世纪初，美国、英国、日本等国家先后制定了详细的海洋资源开发战略规划。我国也在 1996 年制定了《中国海洋 21 世纪议程》，作为指导海洋开发和发展海洋经济的政策、纲领性文件，并先后设立国家 973、863 科研项目组织调查、勘探海洋资源。进入 21 世纪，国家进一步加强加快发展海洋经济的步伐，国务院陆续出台了《全国海洋经济发展规划纲要》（2003 年）、《海水利用综合规划》（2005 年）、《国家海洋科学和技术“十一五”规划纲要》（2006 年）、《国家海洋事业发展规划纲要》（2008 年）。我国东部沿海 11 个省（自治区、直辖市）各自编制了本行政区“海洋经济发展规划”，部分沿海地级市、沿海县也编制了本行政区域的“海洋经济发展规划”。管理因素对近海资源开发的影响除了体现在宏观政策层面上，还体现在具体资源开发的过程中。中观和微观层面的各级海洋资源开发应急管理计划、综合管理计划等都属于具体管理措施。海洋资源开发过程中同样需要有科学、详细、具体的规划和计划指导具体的资源开发工作，使得海洋资源开发更加有序、科学、合理。

4.1.3 海洋灾害影响因素

我国近海海域影响资源开发的海洋灾害主要有海洋气象灾害、海洋地质灾害、海洋生态灾害及其他海洋灾害，其中海洋气象灾害是造成近海资源开发过程中人员伤亡、财产损失和环境破坏最大的影响因素，海洋气象灾害中的风暴潮、海浪又是造成损失最大的两种灾害。海洋灾害对近海资源开发的影响主要表现在影响正常的资源开发活动，造成巨大的人员伤亡和财产损失。以海上大风引发的 4m 以上的巨浪为例：渤海平均每年 26 天，黄海平均每年 95 天，东海平均每年 167 天，台湾海峡平均每年 160 天，南海平均每年 169 天。这些天数意味着在该海域，巨浪影响正常的海洋资源开发活动。海洋灾害造成的人员伤亡（失踪）、财产损失在前文已有表述，在此不再赘述。

4.1.4 海洋生态影响因素

生态影响因素主要是由于海洋环境恶化引发赤潮、绿潮等海洋生态灾害，危及海洋生物资源、海水及海水化学资源，或者使得以上资源开发难度增大，海洋资源开发不可持续。表 4-1 是 2014 年我国沿海地区赤潮灾害情况，赤潮累计影响海域面积达到了 6 558km^2，严重破坏了海洋环境和海洋景观，造成巨大经济损失。

表 4-1　2014 年我国沿海地区赤潮灾害情况　单位：km^2

时间	影响区域	最大面积
8 月 26 日～9 月 25 日	天津滨海旅游区附近海域	300
6 月 11～15 日	河北省秦皇岛近岸海域	228
9 月 13～17 日	河北省渤海中部海域	400
5 月 15～8 月 7 日	河北省秦皇岛近岸海域	2 000
5 月 30～6 月 13 日	辽宁省辽东湾东部海域	110
5 月 21 日～6 月 5 日	浙江省舟山嵊泗海域	170
9 月 7～9 日	浙江省舟山嵊泗海域	200
5 月 21 日～6 月 3 日	浙江省舟山普陀海域	300
5 月 27 日～6 月 3 日	浙江省舟山朱家尖海域	400
5 月 21 日～6 月 9 日	浙江省台州温岭海域	100
5 月 19 日～6 月 11 日	浙江省温州苍南海域	320
5 月 8～15 日	福建省莆田南日岛附近海域	600
9 月 21～23 日	山东省烟台长岛县附近海域	890
4 月 11～23 日	广东省惠州市大亚湾马鞭洲以北海域和澳头湾	100
11 月 25～27 日	广东省茂名市博贺港放鸡岛附近海域	300
7 月 21 日～8 月 13 日	广东省湛江沙湾至乌石港渔业增养殖水域	140
合计		6 558

注：本表仅列出最大面积超过 100km^2（含）的赤潮过程。

4.1.5　其他影响因素

其他影响近海海洋资源开发的因素还包括排放入海的液体污染物、固体废弃物，以及近海油气资源开发和海上油气运输过程中的漏油、溢油事故。例如，2011 年 6 月 11 日，美国康菲公司开发的蓬莱 19-3 油田溢油事故严重破坏了渤海海域的海洋环境，给渤海海域海洋生物资源、海水及海水化学资源等海洋资源造成重大损失。表 4-2～表 4-4 分别是 2014 年我国近海和沿海地区海洋石油勘探开发污染物排放入海情况、工业废水排放及处理情况、一般工业固体废弃物排放处理及综合利用情况。由表可知，仍然有 2%～7%未达标的工业废水、污水直接排放入海，海洋石油勘探开发过程中产生的污水、泥浆等污染物基本未得到处理而直接入海。

表 4-2　2014 年我国近海和沿海地区海洋石油勘探开发污染物排放入海情况

海区	生产污水/$10^4 m^3$	泥浆/m^3	钻屑/m^3	机舱污水/m^3	食品废弃物/m^3	生活污水/m^3
渤海	214.0	2 474.0	7 888.0	—	0.6	34 849.0
黄海	—	—	—	—	—	—
东海	93.2	1 610.0	5 033.3	—	—	5.4
南海	15 337.0	33 698.7	19 236.8	3 207.5	612.0	288 168.3
合计	15 644.2	37 782.7	32 158.1	3 207.5	612.6	323 022.7

表 4-3　2014 年我国沿海地区工业废水排放及处理情况　　单位：万 t

地区		工业废水排放总量	直排入海量	工业废水处理量
环河南省经济区	辽宁	90 630.8	28 579.4	317 134.8
	河北	108 562.0	1 084.2	788 496.3
	天津	19 011.3	43.4	32 529.7
	山东	180 022.2	9 306.3	385 565.7
	合计	398 226.3	39 013.3	1 523 726.5
长江三角洲经济区	江苏	204 890.0	778.3	407 334.1
	上海	43 939.2	10 180.2	63 561.4
	浙江	149 380.4	7 005.3	255 325.9
	合计	398 209.6	17 963.8	726 221.4
海峡西岸经济区	福建	102 051.7	42 888.9	163 571.7
	合计	102 051.7	42 888.9	163 571.7
珠江三角洲经济区	广东	177 554.0	2 784.2	334 111.6
	合计	177 554.0	2 784.2	334 111.6
环北部湾经济区	广西	72 936.3	2 898.9	208 938.8
	海南	7 955.8	3 605.6	8 068.7
	合计	80 892.1	6 504.5	217 007.5
总计		1 156 933.7	109 154.7	2 964 638.7

表 4-4　2014 年我国沿海地区工业固体废物倾倒丢弃、处理及综合利用情况　　单位：万 t

地区		一般工业固体废物倾倒丢弃量	一般工业固体废物处置量	一般工业固体废物综合利用量
环渤海经济区	辽宁	5.9	9 421.8	10 719.2
	河北	0.0	22 926.9	18 227.7
	天津	0.0	10.6	1 723.9
	山东	0.0	581.7	18 380.3
	合计	5.9	32 941.0	49 051.1

续表

地区		一般工业固体废物倾倒丢弃量	一般工业固体废物处置量	一般工业固体废物综合利用量
长江三角洲经济区	江苏	0.3	278.9	10 577.8
	上海	0.0	47.0	1 876.9
	浙江	0.0	204.9	4 302.7
	合计	0.3	530.8	16 757.4
海峡西岸经济区	福建	0.0	585.1	4 277.7
	合计	0.0	585.1	4 277.7
珠江三角洲经济区	广东	1.9	630.6	4 893.0
	合计	1.9	630.6	4 893.0
环北部湾经济区	广西	0.4	1 454.4	5 057.7
	海南	0.0	34.4	273.9
	合计	0.4	1 488.8	5 331.6
总计		8.5	36 176.3	80 310.8

4.2　海洋灾害影响近海海洋资源开发的表现

4.2.1　海洋灾害影响正常的海洋资源开发活动

我国近海海洋资源开发涉及主要海洋产业、海洋科研教育管理服务业和海洋相关产业。海洋灾害对海洋资源开发的直接影响主要体现在对海洋渔业、海洋油气业、海洋矿业、海洋盐业、海洋化工业、海洋生物医药业、海洋电力业、海水利用业、海洋船舶工业等主要海洋产业，海洋信息服务业、海洋环境监测预报服务、海洋保险与社会保障业等海洋科研教育管理服务业，海洋农林业、海洋设备制造业、涉海产品及材料制造业、涉海建筑与安装业等海洋相关产业上。表 4-5 是我国海洋产业构成表。

表 4-5　我国海洋产业构成

构成	分类	用途
海洋产业	主要海洋产业	海洋渔业
		海洋油气业
		海洋矿业
		海洋盐业
		海洋化工业
		海洋生物医药业
		海洋电力业
		海水利用业
		海洋船舶工业

续表

<table>
<tr><th>构成</th><th>分类</th><th>用途</th></tr>
<tr><td rowspan="13">海洋产业</td><td rowspan="3">主要海洋产业</td><td>海洋工程建筑业</td></tr>
<tr><td>海洋交通运输业</td></tr>
<tr><td>滨海旅游业</td></tr>
<tr><td rowspan="10">海洋科研教育管理服务业</td><td>海洋信息服务业</td></tr>
<tr><td>海洋环境监测预报服务</td></tr>
<tr><td>海洋保险与社会保障业</td></tr>
<tr><td>海洋科学研究</td></tr>
<tr><td>海洋技术服务业</td></tr>
<tr><td>海洋地质勘查业</td></tr>
<tr><td>海洋环境保护业</td></tr>
<tr><td>海洋教育</td></tr>
<tr><td>海洋管理</td></tr>
<tr><td>海洋社会团体与国际组织</td></tr>
<tr><td rowspan="6">海洋相关产业</td><td colspan="2">海洋农林业</td></tr>
<tr><td colspan="2">海洋设备制造业</td></tr>
<tr><td colspan="2">涉海产品及材料制造业</td></tr>
<tr><td colspan="2">涉海建筑与安装业</td></tr>
<tr><td colspan="2">海洋批发与零售业</td></tr>
<tr><td colspan="2">涉海服务业</td></tr>
</table>

海洋灾害对近海资源开发直接影响的表现：①减少正常作业的时间，6 级以上的海上大风、4m 以上的海浪等海况条件下，按照我国的海域管理相关规范，严禁海上作业；②使设备不能正常运转，降低生产效率，甚至需要把设备妥善存放，增加了额外费用支出；③涉海作业人员不能正常工作，降低劳动生产率，甚至相关人员要避险、避难；④增加了再次开工恢复正常作业的费用和成本。海洋灾害对海洋资源开发的间接影响主要体现在对海洋化工业、海洋生物医药业、海洋电力业等主要海洋产业，海洋信息服务业、海洋环境监测预报服务、海洋保险与社会保障业、海洋技术服务业、海洋教育、海洋社会团体与国际组织等海洋科研教育管理服务业，以及涉海产品及材料制造业、海洋批发与零售业等海洋相关产业上。

海洋灾害对近海资源开发间接影响的表现：①减少生产所需原材料的供给，或者增加原材料的运输周期，甚至使得原材料供给暂时中断；②使得相关海洋产品的产量在一定时期内降低，导致出现供不应求的局面；③影响涉海企业的信誉。

4.2.2 海洋灾害造成巨大损失

2001～2014 年，我国海洋生产总值年均增长 12.14%，如表 4-6～表 4-9 所示，远高于我国 GDP 的年均增长速度，海洋经济呈现健康、稳定、可持续的发展态势。表 4-10 和表 4-11 是我国涉海就业人员情况，由两表可以看出，2014 年我国涉海就业人员总量达 3553.7 万人，涉海就业人员主要集中在海洋渔业及相关产业、滨海旅游业、海洋交通运输业、海洋工程建筑业等行业。

表 4-6　2014 年我国海洋生产总值

地区	海洋生产总值/亿元	第一产业产值/亿元	第二产业产值/亿元	第三产业产值/亿元	海洋生产总值占地区生产总值的比重/%
广东	13 229.8	201.0	5 993.9	7 034.9	19.5
山东	11 288.0	794.5	5 089.0	5 404.5	19.0
上海	6 249.0	4.3	2 278.4	3 966.3	26.5
福建	5 980.2	480.8	2 299.2	3 200.2	24.9
江苏	5 590.2	316.2	2 894.7	2 379.3	8.6
浙江	5 437.7	427.5	2 004.5	3 005.7	13.5
天津	5 032.2	14.6	3 127.2	1 890.4	32.0
辽宁	3 917.0	418.7	1 411.0	2 087.3	13.7
河北	2 051.7	75.2	1 008.3	968.2	7.0
广西	1 021.1	175.9	373.5	471.7	6.5
海南	902.1	200.8	180.1	521.2	25.8
合计	60 699.0	3 109.5	26 659.8	30 929.7	16.3

表 4-7　2001～2014 年我国海洋生产总值

年份/年	海洋生产总值/亿元	第一产业产值/亿元	第二产业产值/亿元	第三产业产值/亿元	海洋生产总值占GDP 的比重/%	海洋生产总值年增长速度/%
2001	9 518.5	646.3	4 152.1	4 720.1	8.68	—
2002	11 270.5	730.0	4 866.2	5 674.3	9.37	19.8
2003	11 952.3	766.2	5 367.6	5 818.5	8.80	4.2
2004	14 662.0	851.0	6 662.8	7 148.2	9.17	16.9
2005	17 655.6	1 008.9	8 046.9	8 599.8	9.55	16.3
2006	21 592.3	1 228.8	10 217.8	10 145.7	9.98	18.0
2007	25 618.7	1 395.4	12 011.0	12 212.3	9.64	14.8
2008	29 718.0	1 694.3	13 735.3	14 288.4	9.46	9.9
2009	32 277.5	1 857.7	14 980.3	15 439.5	9.47	9.2
2010	39 573.0	2 008.0	18 935.0	18 630.0	9.86	14.7
2011	45 580.4	2 381.9	21 667.7	21 530.8	9.42	10.0
2012	50 172.9	2 670.6	23 450.2	24 052.1	9.39	8.1
2013	54 718.3	3 037.7	24 608.9	27 071.7	9.31	7.8
2014	60 699.0	3 109.5	26 659.8	30 929.7	9.54	7.9

表 4-8　2014 年我国沿海地区海洋及相关产业增加值　　单位：亿元

地区	海洋产业增加值			海洋相关产业增加值	总计
	主要海洋产业增加值	海洋科研教育管理服务业增加值	合计		
天津	2 533.0	255.8	2 788.8	2 243.4	5 032.2
河北	1 046.6	90.1	1 136.7	915.0	2 051.7

续表

地区	海洋产业增加值			海洋相关产业增加值	总计
	主要海洋产业增加值	海洋科研教育管理服务业增加值	合计		
辽宁	1 927.8	579.4	2 507.2	1 409.8	3 917.0
上海	2 081.1	1 675.0	3 756.1	2 492.9	6 249.0
江苏	2 264.9	887.1	3 152.0	2 438.2	5 590.2
浙江	2 263.2	1 072.6	3 335.8	2 101.9	5 437.7
福建	2 617.6	790.3	3407.9	2 572.3	5 980.2
山东	4 835.0	1 997.3	6 832.3	4 455.7	11 288.0
广东	4 763.7	3 403.9	8 167.6	5 062.2	13 229.8
广西	539.4	100.0	639.4	381.7	1 021.1
海南	431.1	210.1	641.2	260.9	902.1
合计	25 303.4	11 061.6	36 365.0	24 335.0	60 699.0

表 4-9　2001～2014 年我国海洋及相关产业增加值　　单位：亿元

年份/年	海洋产业增加值			海洋相关产业增加值	总计
	主要海洋产业增加值	海洋科研教育管理服务业增加值	合计		
2001	3 856.6	1 877.0	5 733.6	3 784.8	9 518.4
2002	4 696.8	2 090.5	6 787.3	4 483.2	11 270.5
2003	4 754.4	2 383.3	7 137.7	4 814.6	11 952.3
2004	5 827.7	2 882.5	8 710.2	5 951.9	14 662.1
2005	7 188.0	3 350.9	10 538.9	7 116.6	17 655.5
2006	8 790.4	3 906.4	12 696.8	8 895.6	21 592.4
2007	10 478.3	4 592.3	15 070.6	10 548.0	25 618.6
2008	12 176.0	5 415.2	17 591.2	12 126.8	29 718.0
2009	12 843.6	5 978.4	18 822.0	13 455.6	32 277.6
2010	16 187.9	6 643.2	22 831.1	16 743.9	39 575.0
2011	18 865.2	7 652.4	26 517.6	19 062.8	45 580.4
2012	20 829.9	8 574.8	29 404.7	20 768.2	50 172.9
2013	22 462.3	10 196.4	32 658.7	22 059.6	54 718.3
2014	25 303.4	11 061.5	36 364.9	24 334.2	60 699.1

表 4-10　相关年份我国涉海就业人员情况　　单位：万人

地区	2001 年	2010 年	2013 年	2014 年
天津	106.4	169.2	177.4	179.4
河北	58.0	92.2	96.7	97.8
辽宁	196.0	311.6	326.8	330.5

续表

地区	2001 年	2010 年	2013 年	2014 年
上海	127.5	202.7	212.6	215.0
江苏	116.9	185.9	194.9	197.1
浙江	256.4	407.6	427.5	432.3
福建	259.7	412.9	433.0	437.9
山东	319.9	508.6	533.4	539.4
广东	505.3	803.4	842.6	852.0
广西	68.9	109.5	114.9	116.2
海南	80.6	128.1	134.4	135.9
其他	12.0	19.1	20.0	20.2
合计	2 107.6	3 350.8	3 514.2	3 553.7

表 4-11　相关年份我国涉海就业人员行业分布情况　　单位：万人

海洋产业	2001 年	2010 年	2013 年	2014 年
海洋渔业及相关产业	348.3	553.2	580.8	587.3
海洋石油和天然气业	12.4	19.7	20.7	20.9
海滨砂矿业	1.0	1.6	1.7	1.7
海洋盐业	15.0	23.8	25.0	25.3
海洋化工业	16.1	25.6	26.8	27.1
海洋生物医药业	0.6	1.0	1.0	1.0
海洋电力和海水利用业	0.7	1.1	1.2	1.2
海洋船舶工业	20.6	32.7	34.3	34.7
海洋工程建筑业	38.8	61.6	64.7	65.4
海洋交通运输业	50.8	80.7	84.7	85.7
滨海旅游业	78.3	124.4	130.6	132.0
其他海洋产业	136.5	216.8	227.6	230.2
合计	719.1	1 142.2	1 199.1	1 212.5

与海洋经济呈现稳步、健康增长态势相比，海洋灾害造成的损失呈现出弱周期性。根据我国国家海洋局发布的 2000～2014 年海洋灾害公报，我国海洋灾害年均造成直接经济损失 128 亿元人民币，造成 179 人死亡（失踪）。但是有些年份的直接经济损失和死亡（失踪）人数要远远高于这个平均值，如 2001 年、2005 年和 2006 年。其中 2006 年海洋灾害造成的直接经济损失近 500 亿元人民币，2005 年海洋灾害造成的人员死亡（失踪）近 330 人。因此，有专家和学者认为海洋灾害造成的损失呈现出周期性特点，重大海洋灾害的周期大约是 5 年。

4.3 海洋灾害对海洋资源开发的特殊性影响

4.3.1 海洋灾害的不可预测性

海洋灾害具有不可预测性，并不是说海洋灾害完全不可预测，科学技术发展到今天，人们已经可以有效预测预防绝大多数自然灾害。海洋灾害尤其是海洋气象灾害造成的损失几乎占到全部海洋灾害损失的 100%，海洋气象灾害的形成与大气和海洋水体有密切关系，其中大气温度、湿度、气压等的变化是产生海洋气象灾害的主因。目前，全世界能够有效掌握大气变化的途径只有依靠气象卫星，通过气象卫星实现对大气的实时监测，收集相关气象数据，把数据反馈到地面，经过数据分析、处理，然后预测未来一定时期可能发生的海上大风、海浪、风暴潮等海洋气象灾害，通过这一途径基本实现了对海洋气象灾害预报、预测。但是，预测的准确程度往往和实际发生的情况有较大差异，从某种程度上说，对于某种海洋气象灾害发生的时间、地点、强度分布、变化趋势等预测的准确程度尚需进一步提高。

4.3.2 海洋灾害的地域差异性

我国近海海洋灾害具有明显的地域差异性，海洋气象灾害中风暴潮是造成直接经济损失最大的，影响我国北方海域的主要是温带风暴潮，影响我国南方海域的主要是台风风暴潮，表 4-12 是 2016 年我国沿海地区风暴潮灾害造成的损失情况；海浪是海洋灾害中造成人员死亡（失踪）最大的灾害，影响我国北方海域的主要是冷空气浪和气旋浪，影响我国南方海域的主要是台风浪。此外，北方沿海的辽宁、河北、天津、山东海域还受到海冰灾害的影响。表 4-13 列举了影响我国东部沿海 11 个省（自治区、直辖市）的主要海洋灾害及排序，计算了主要海洋灾害造成的直接经济损失比重和致死（失踪）人数比重。

表 4-12 2016 年我国沿海地区风暴潮灾害造成的损失情况

受灾地区	受灾人口/万人	农作物受灾/10^3hm^2	损失船只/艘	海水养殖受灾面积/10^3hm^2	损毁海岸工程/km	死亡（失踪）人数/人	直接经济损失/亿元
辽宁	—	0	1	0	6.00	0	0.09
河北	—	0	35	0	14.50	0	9.35
天津	—	0	2	0.40	17.53	0	0.80
山东	—	0	2	0.96	126.32	0	1.75
江苏	—	0	0	0	0	0	0.00
浙江	116.44	0	69	5.33	4.31	0	2.40
福建	3.59	0.94	712	19.54	41.36	0	16.06
广东	194.60	0.00	857	23.04	20.27	0	9.26
广西	24.76	0	0	0.08	23.87	0	2.69
海南	—	0	143	3.19	5.23	0	3.54
合计	339.39	0.94	1 821	52.54	259.39	0	45.94

表 4-13　影响我国东部沿海 11 个省（自治区、直辖市）的主要海洋灾害及排序

省（自治区、直辖市）	主要灾害排序	致死亡（失踪）人数比重/%	致直接经济损失比重/%
辽宁省	海冰、温带风暴潮、海浪	98.19	99.13
河北省	海浪、温带风暴潮、海冰	97.03	99.06
天津市	温带风暴潮、海浪、海冰	96.36	98.21
山东省	风暴潮、海浪、海冰	97.32	98.46
江苏省	台风风暴潮、海浪	98.22	96.34
上海市	台风风暴潮、海浪	97.67	97.19
浙江省	台风风暴潮、海浪、赤潮	98.12	98.52
福建省	台风风暴潮、海浪、赤潮	98.19	98.38
广东省	台风风暴潮、海浪	98.34	97.12
广西壮族自治区	台风风暴潮、海浪	97.56	97.03
海南省	台风风暴潮、海浪	98.16	97.26

4.3.3　海洋资源开发的地域差异性

我国近海海洋灾害受到纬度、气候等因素的影响，呈现出明显的地域性，同样近海海洋资源开发受地域资源禀赋、经济社会发展水平、科学技术等因素影响也呈现出地域差异性。下面将从海洋捕捞业、海水养殖业、海洋矿产业、海洋油气开发、海盐业、海洋化工业、海洋船舶制造业、海洋交通运输业、滨海旅游业 9 个海洋产业分析海洋资源开发的地域差异性。

图 4-1 统计了 2014 年我国沿海省份海洋捕捞和海水养殖产量，由图可知，我国海洋捕捞产量较大的省份依次是浙江、山东、福建、广东、海南、辽宁等省份；海水养殖产量超过 200 万 t 的省份依次是山东、福建、广东、辽宁 4 个省份，其中山东省 2014 年海水养殖产量近 480 万 t，居全国之首。海洋捕捞和海水养殖产量较低的几个省份依次是天津、上海、河北。

2014 年我国沿海地区海洋矿产开发主要集中在浙江、山东、广西、福建和海南 5 个省份，其中浙江省产量超过 2240 万 t，比其他 4 个省份产量总和还要多。图 4-2 是 2014 年我国沿海地区海洋矿业产量情况。

我国近海海洋石油资源开发主要集中在天津、河北、广东、山东、辽宁、上海 6 个省份。表 4-14 是 2014 年我国海洋油气生产井情况，表 4-15 是 2012～2014 年我国沿海地区海洋原油产量情况。海洋油气生产井最多的省份依次是天津、河北、广东、山东、辽宁和上海；海洋原油产量最多的省份依次是天津、广东、山东、河北、上海和辽宁。我国海洋石油资源开发主要集中在渤海湾和南海海域两大区域。

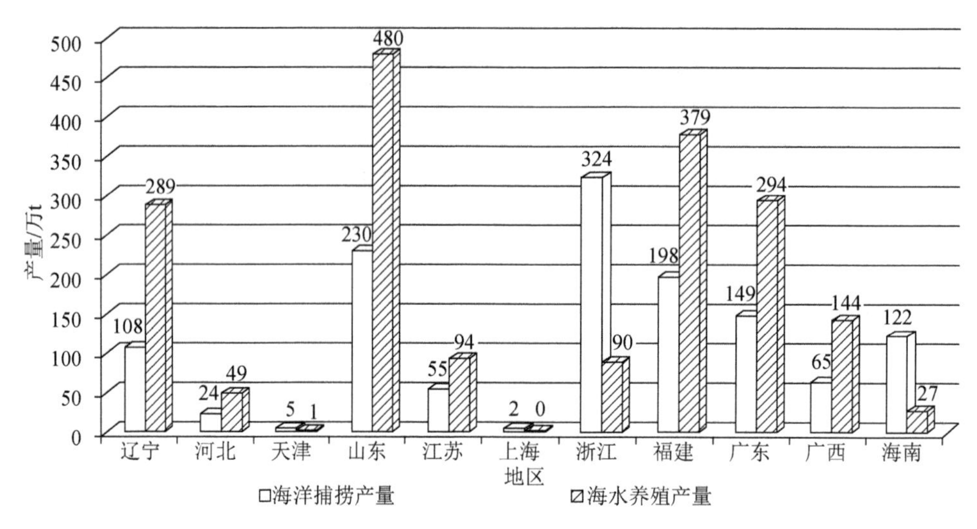

图 4-1　2014 年我国沿海地区海洋捕捞和海水养殖产量

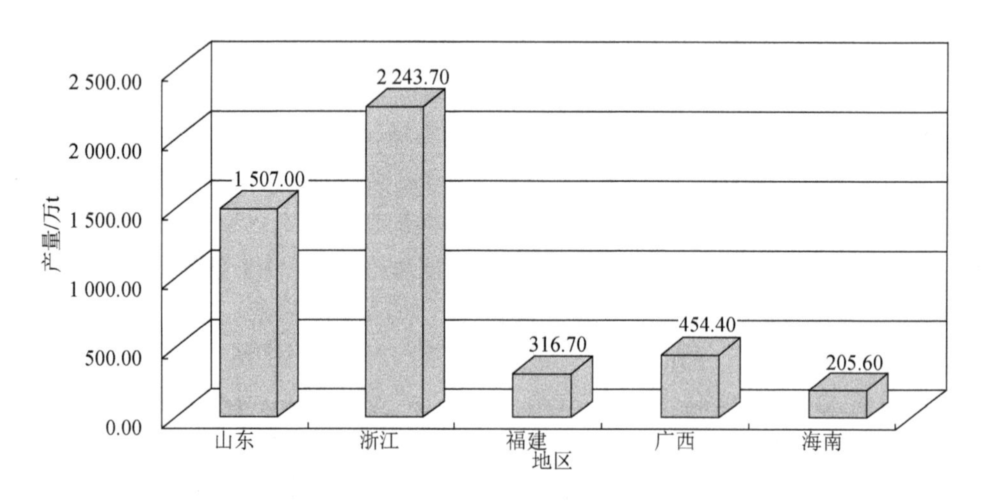

图 4-2　2014 年我国沿海地区海洋矿业产量

表 4-14　2014 年我国海洋油气生产井情况　　单位：口

地区	采油井	采气井	注水井	其他井	合计
天津	2 566	154	641	—	3 361
河北	931	13	291	—	1 235
辽宁	186	6	34	11	237
上海	18	43	—	—	61
山东	460	8	219	—	687
广东	621	106	24	—	751
合计	4 782	330	1 209	11	6 332

表 4-15　2012～2014 年我国沿海地区海洋原油产量　　单位：万 t

地区	2012 年	2013 年	2014 年
天津	2 680.34	2 634.68	2 674.09
河北	237.77	239.87	237.74
辽宁	14.25	11.29	48.27
上海	14.68	18.65	19.53
山东	275.00	291.30	300.30
广东	1 222.75	1 345.30	1 334.02
合计	4 444.79	4 541.09	4 613.95

表 4-16 是 2012～2014 年我国沿海地区海洋天然气产量情况，由表可知，我国海洋天然气资源开发主要集中在广东、天津、上海、河北、山东和辽宁。其中广东省的产量比其他省份产量的总和还要多。

表 4-16　2012～2014 年我国沿海地区海洋天然气产量　　单位：万 m^3

地区	2012 年	2013 年	2014 年
天津	246 705	261 682	282 592
河北	55 570	67 201	85 250
辽宁	1 580	1 410	1 881
上海	88 044	79 702	88 071
山东	12 521	12 911	12 900
广东	823 768	753 549	838 205
合计	1 228 188	1 176 455	1 308 899

我国沿海地区除上海市外其他省份均有海盐生产，产量较高的几个省份依次是山东、河北、天津、辽宁和江苏，其中山东省的海盐产量约占全国总量的 80%，接近 2300 万 t。广东、广西、海南、浙江和福建等省份海盐产量较低。图 4-3 是 2014 年我国沿海地区海盐产量情况。

我国沿海地区海洋化工产品生产主要集中在除上海、广西、海南以外的省份，产量较高的省份依次是山东、江苏、天津、福建和河北，其中山东省的海洋化工产品产量约占全国总量的 50%，表 4-17 是 2012～2014 年我国沿海地区海洋化工产品产量情况。

我国沿海地区海洋船舶制造业在各个省份都有发展，其中江苏、上海、浙江和辽宁发展速度较快。图 4-4 是 2014 年我国沿海地区海洋船舶制造完工量情况，由图可知，以上 4 个省份造船完工量排在全国前 4 位，海南、广西和河北的造船完工量较低。

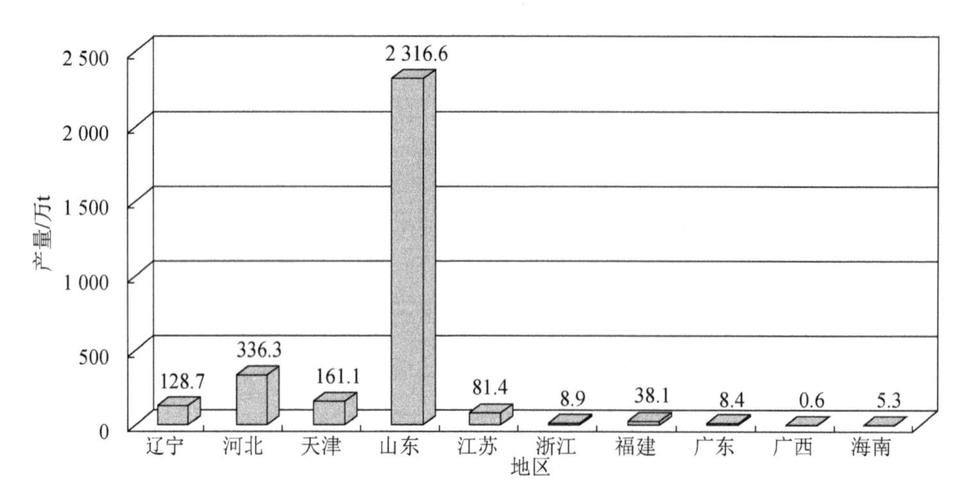

图 4-3　2014 年我国沿海地区海盐产量

表 4-17　2012～2014 年我国沿海地区海洋化工产品产量　　单位：t

地区	2012 年	2013 年	2014 年
天津	1 610 000	1 641 323	4 586 402
河北	1 046 405	7 942	2 037 150
辽宁	1 020 284	1 021 941	1 162 236
江苏	2 090 567	1 933 766	2 523 815
浙江	1 001 170	1 022 884	1 086 436
福建	1 462 106	1 652 964	2 146 419
山东	8 414 735	10 919 468	11 640 468
广东	805 000	895 523	1 200 000
合计	17 450 267	19 095 811	26 382 926

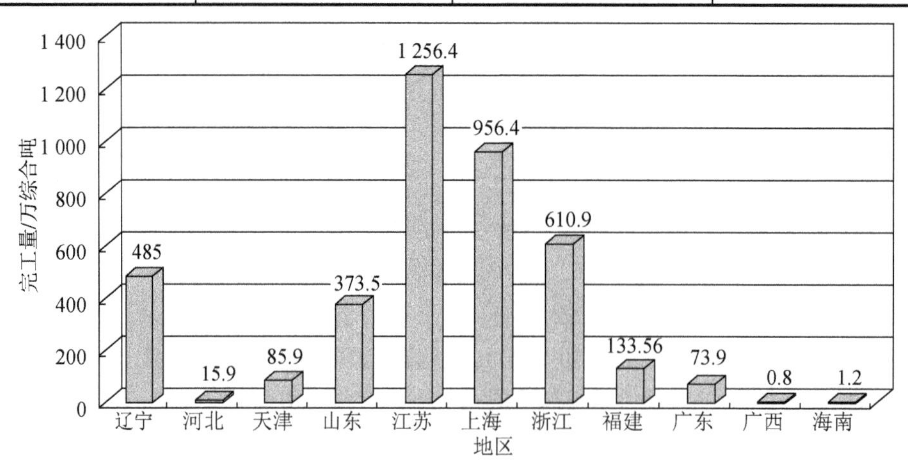

图 4-4　2014 年我国沿海地区海洋船舶制造完工量

我国海洋交通运输业发展程度主要从海洋货物运输量、货物周转量、旅客运输量、旅客周转量和集装箱吞吐量 5 个方面来衡量。图 4-5 是 2014 年我国沿海地区海洋货物周转量情况，表 4-18 是 2014 年我国沿海地区海洋货物运输量和周转量情况，表 4-19 是 2014 年我国沿海地区海洋旅客运输量和周转量情况，图 4-6 是 2014 年我国沿海地区港口国际标准集装箱吞吐量情况。由以上图表可知，我国海洋货物运输量最多的省份依次是浙江、上海、广东、江苏和福建，海洋货物周转量最多的省份依次是上海、广东、辽宁、浙江和江苏；我国海洋旅客运输最多的省份依次是浙江、广东、山东、福建和海南；我国沿海地区国际标准集装箱吞吐量最多的省份依次是广东、上海、山东、浙江和辽宁。综上所述，我国海洋交通运输比较发达的省份是上海、广东、浙江，天津、福建和山东次之。

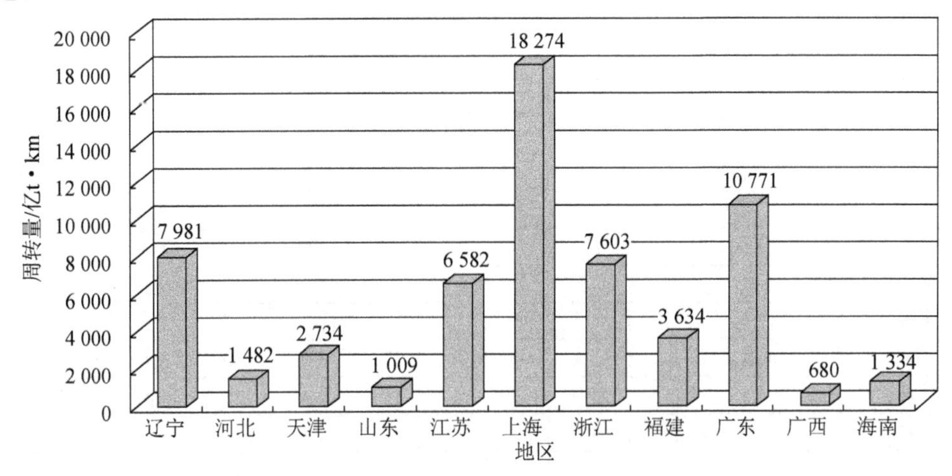

图 4-5　2014 年我国沿海地区海洋货物周转量

表 4-18　2014 年我国沿海地区海洋货物运输量和周转量

地区	货运量/万 t			货物周转量/亿 t · km		
	合计	沿海	远洋	合计	沿海	远洋
天津	9 749	8 111	1 638	2 734	1 252	1 482
河北	4 041	2 726	1 315	1 482	443	1 039
辽宁	13 810	6 303	7 507	7 980	814	7 166
上海	44 231	27 690	16 541	18 274	3 787	14 487
江苏	23 725	16 570	7 155	6 581	1 894	4 687
浙江	51 724	47 855	3 869	7 603	5 386	2 217
福建	22 186	20 098	2 088	3 634	3 041	593
山东	9 226	8 365	861	1 009	602	407
广东	39 328	23 262	16 066	10 771	3 813	6 958

续表

地区	货运量/万 t			货物周转量/亿 t·km		
	合计	沿海	远洋	合计	沿海	远洋
广西	5 211	4 715	496	680	654	26
海南	11 433	10 485	948	1 334	1 055	279
其他	16 150	312	15 838	16 344	37	16 307
全国总计	250 814	176 492	74 322	78 426	22 778	55 648

表 4-19　2014 年我国沿海地区海洋旅客运输量和周转量

地区	客运量/万人			旅客周转量/亿人·km		
	合计	沿海	远洋	合计	沿海	远洋
天津	—	—	—	—	—	—
河北	4	—	4	0.3	—	0.3
辽宁	542	527	15	6.5	5.8	0.7
上海	369	368	1	1.1	0.9	0.2
江苏	33	24	9	0.7	0.0	0.7
浙江	2 636	2 636	—	4.6	4.6	—
福建	1 503	1 420	83	2.4	1.8	0.6
山东	1 539	1 429	110	11.6	7.1	4.5
广东	2 167	1 262	905	9.5	3.3	6.2
广西	229	229	—	1.2	1.2	0.0
海南	1 499	1 499	—	3.3	3.3	—
全国总计	10 521	9 394	1 127	41.2	28.0	13.2

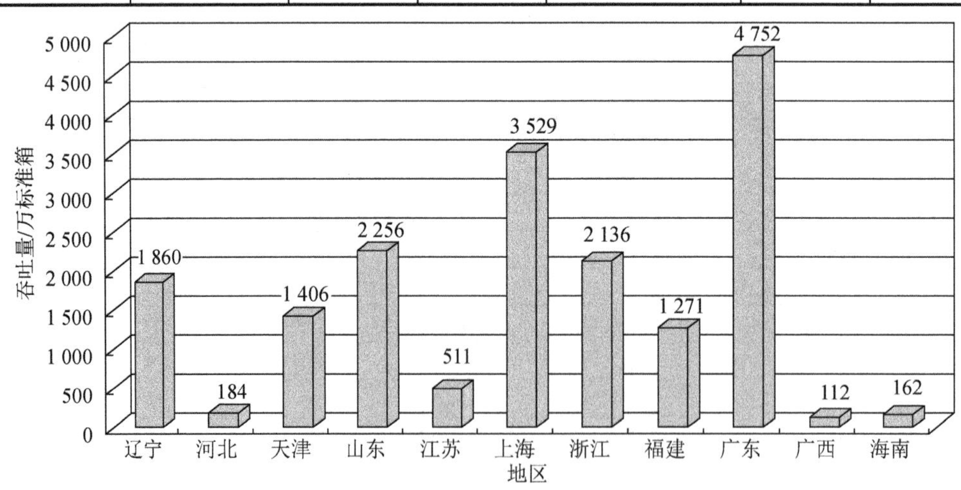

图 4-6　2014 年我国沿海地区港口国际标准集装箱吞吐量

衡量滨海旅游业发展程度的主要指标时参考了 2011～2013 年我国沿海省份国内旅游人数（表 4-20）。从该指标来看，我国沿海地区的浙江、山东、上海、广东、辽宁和天津是旅游人数最多的几个省份，滨海旅游业比较发达。

表 4-20　2011～2013 年我国沿海地区国内旅游人数　　单位：万人次

城市	2011 年	2012 年	2013 年
天津	10 605	—	—
河北	4 790	5 977	6 304
辽宁	13 586	15 225	16 898
上海	23 079	—	—
江苏	5 090	5 839	6 606
浙江	30 547	35 048	39 788
福建	9 280	11 665	12 709
山东	18 807	21 660	34 114
广东	15 537	17 411	19 338
广西	2 347	2 811	3 260
海南	1 799	1 989	2 209
合计	135 467	117 625	141 226

以上总结了我国沿海省份海洋捕捞业、海水养殖业、海洋矿产业、海洋油气开发、海盐业、海洋化工业、海洋船舶制造业、海洋交通运输业、滨海旅游业 9 个海洋产业的发展情况，从结果来看，我国近海海洋资源开发呈现明显的地域差异性。把海洋灾害的地域差异性和海洋资源开发的地域差异性叠加，会得出同样强度的海洋灾害在不同地域造成的损失是不一样的。不同产业的海洋资源开发应对同样的海洋灾害表现出不同的脆弱性，衡量海洋灾害对近海资源开发的影响要从致灾因子、孕灾环境、承灾体、区域御灾能力 4 个方面进行。

第5章　海洋灾害影响近海海洋资源开发测度体系构建

5.1　测度对象选择

5.1.1　测度对象的划分

我国近海海洋灾害分为海洋气象灾害、海洋地质灾害、海洋生态灾害及其他海洋灾害。不同海洋灾害对我国近海海洋资源开发活动的影响程度和破坏程度差异很大，根据近十年国家海洋局公布的海洋灾害公报，影响我国近海海洋资源开发的主要海洋灾害是海洋气象灾害，即海上大风、海浪和风暴潮，99%以上的直接经济损失和人员死亡（失踪）是由海洋气象灾害造成的。据此，本书构建的海洋灾害影响近海海洋资源开发的测度体系主要是针对海洋气象灾害，也就是测度海上大风、海浪和风暴潮等灾害对我国近海海洋资源开发的影响和破坏程度。

5.1.2　选择依据及原则

引发海上大风、海浪和风暴潮等海洋灾害的根本原因是大气运动，大气水平流动形成了风。热带气旋、温带气旋和冷空气等气象因素是导致我国近海出现海上大风、海浪和风暴潮的直接原因。从历年国家海洋局公布的海洋灾害公报可以看出，严重海浪灾害、风暴潮灾害会导致巨大直接经济损失和人员伤亡。这样的灾害有一个共同特征：都是由海上大风（台风、热带风暴等）引起的。单纯海上大风的破坏力是非常有限的，根据已有文献，海面上的自然破坏力仅10%来自风，而90%来自海浪。海上大风引发海水波动，甚至引起局部海平面在一定时间段内升降，此种情况导致的破坏力是非常巨大的。在灾害成因上，以上3种灾害有着非常密切的联系，前面章节在分析海洋灾害的时候已经详细分析过。衡量海上大风等级的指标是风速V，衡量海浪等级的指标是波高H，衡量风暴潮等级的指标是风暴增水值Z。V、H、Z三者之间存在数值上的联系。

1．波高和风速之间的关系

波高 H 和风速 V 之间的关系受多个因素的影响，风向、海区形态、风时等因素均会影响二者之间的关系。因此，要精确计算二者之间的关系需分海区、分风向建立波高和风速的统计关系。学界沿用较多的波高和风速之间的数学关系形式为

$$H = aV^b \tag{5-1}$$

式（5-1）中的参数 a 和 b 需要根据具体海区的历史观测资料，分风向通过回归分析计算得出。例如，南海中部海域波高和风速之间的关系如下。

1）北—东东北风风向：$H = 0.18V^{1.11}$。

2）东—南东南风风向：$H = 0.28V^{0.97}$。

3）西西北—北西北风风向：$H = 0.44V^{0.72}$。

4）南—西风风向：$H = 0.38V^{0.70}$。

2．风暴增水值 Z 和风速 V 之间的关系

风暴增水大小是衡量风暴潮破坏等级的重要指标，很多学者根据统计资料建立了风和风暴潮位之间的经验关系。国家海洋局海洋环境预报中心建立的风暴潮风暴增水值 Z 计算公式为

$$Z = A\Delta p_0[1 - \exp(-r_0 / r)] + C \tag{5-2}$$

其中

$$\Delta p_0 = p_\infty - p_0$$

式中，p_∞——台风外围海平面气压，单位为 hpa；

p_0——台风中心区域气压，单位为 hpa；

r_0——台风最大风速半径，单位为 km；

r——最大风暴增水时刻台风中心到观测站的距离，单位为 km；

Z——最大风暴增水值，单位为 cm；

A，C——相关参数。

综上所述，风速 V 与波高 H、风暴增水值 Z 之间存在严谨的数学关系，在同一海区，测度海上大风、海浪和风暴潮对近海海洋资源开发影响时，通过测度海上大风致灾因子的数值，利用已有的经验计算公式便可以得到海浪和风暴潮的影响情况。

5.2　测度对象数值特征分析

5.2.1　测度对象数据来源

选择海上大风作为测度对象，通过海上大风的实测数据对其致灾因子进行预测。中华人民共和国成立之初就开始着手建立海洋观测台站、验潮站和海洋气象台站，截至

2014年我国东部沿海11个省（自治区、直辖市）已经建立了包括海洋站、验潮站、气象台站、地震台站和雷达站在内的1321个海洋观测台站。表5-1为2014年我国沿海地区海滨观测台站分布概况。

表5-1　2014年我国沿海地区海滨观测台站分布概况　　单位：个

地区	合计	海洋站	验潮站	气象台站	地震台站	雷达站
天津	26	7	—	14	7	4
河北	34	4	—	3	21	6
辽宁	165	7	3	115	29	11
上海	149	7	62	56	10	14
江苏	90	8	26	34	18	4
浙江	140	20	38	42	21	19
福建	216	14	11	123	47	21
山东	153	16	22	53	39	23
广东	212	16	82	32	56	26
广西	43	5	5	19	8	6
海南	93	9	3	46	26	9
合计	1 321	113	252	537	282	143

5.2.2　海洋灾害影响近海海洋资源开发等级划分

我国近海海洋资源开发涉及主要海洋产业、海洋科研教育管理服务业和海洋相关产业的资源开发，不同产业环境暴露程度不同，海洋灾害对不同产业海洋资源开发影响程度有较大差异性。从历年国家海洋局公布的海洋灾害公报可以看出，凡是与海洋水体、海洋上下部空间直接联系，或者以其作为作业环境、作业面，或者以其作为平台或载体的开发活动，在海洋资源开发过程中，受海洋环境变化影响均较大，即海洋灾害对该种海洋资源开发活动影响较大，如海洋渔业、海洋油气业、海洋矿业、海洋盐业、海洋交通运输业、滨海旅游业等。根据海洋灾害公报，各种海洋灾害每年给我国沿海省份造成大约134亿元人民币的直接经济损失和188人次人员死亡（失踪），以上数字是多年实际经济损失和人员死亡（失踪）情况的平均值，只代表损失的年平均水平。从历年海洋灾害造成的直接经济损失和人员死亡（失踪）情况来看，大多数年份的直接经济损失和人员死亡（失踪）数值要远低于平均水平；但是有些年份的损失情况会远远高于这个平均值。例如，1994年海洋灾害导致直接经济损失193亿元人民币，死亡（失踪）人数1248人；1999年海洋灾害导致直接经济损失52亿元人民币，但是导致死亡（失踪）人数758人；2006年海洋灾害导致直接经济损失218亿元人民币，死亡（失踪）人数492人。可以得出，从每年的统计数据来看，海洋灾害影响近海资源开发呈现一定的周期性。针对每次不同类型的海洋灾害，造成严重、恶劣经济损失和人员伤亡的特大或罕见海洋灾害有一定的重现期，海洋灾害影响近海海洋资源开发活动的灾害重现期是指海洋灾害

造成一定的损失发生后到再次发生损失规模相当的该种海洋灾害的时间间隔。研究某一海区具体某种海洋灾害的重复出现情况，对于科学合理预防和避免灾害造成的损失，保障海洋经济发展具有现实重大意义。根据灾害重现期的大小及海洋灾害对近海资源开发活动的影响程度，把海洋灾害影响近海海洋资源开发等级划分为常见影响、较大影响、重大影响、特大影响和罕见特大影响5个等级。

1. 常见影响

常见影响是指发生的海洋灾害重现期小于等于10年，灾害影响了正常海洋资源开发活动，在一定程度上破坏了资源开发的相关设备设施，导致资源开发活动在一定时期内停止。一般来说该级别的灾害影响导致的直接经济损失小于1000万元人民币，且不造成人员死亡（失踪）。

2. 较大影响

较大影响是指发生的海洋灾害重现期大于10年且小于等于20年，灾害影响了正常海洋资源开发活动，较严重地破坏了资源开发的相关设备设施，导致资源开发活动在一定时期内停止。一般来说该级别的灾害影响导致的直接经济损失大于1000万元小于5000万元人民币，且造成的人员死亡（失踪）人数为1～2人。

3. 重大影响

重大影响是指发生的海洋灾害重现期大于20年且小于等于50年，灾害影响了正常海洋资源开发活动，严重破坏资源开发的相关设备设施，导致资源开发活动在一定时期内停止，需要经过较长时间的修整才能重新开始资源开发活动。一般来说该级别的灾害影响导致的直接经济损失大于5000万元小于1亿元人民币，且造成的人员死亡（失踪）人数在3～9人。

4. 特大影响

特大影响是指发生的海洋灾害重现期大于50年且小于等于100年，灾害影响了正常海洋资源开发活动，非常严重的破坏甚至完全破坏了资源开发的相关设备设施，导致资源开发活动在一定时期内停止，再次开展资源开发活动需要重建相关设备设施。一般来说该级别的灾害影响导致的直接经济损失大于1亿元小于5亿元人民币，且造成的人员死亡（失踪）人数为10～29人。

5. 罕见特大影响

罕见特大影响是指发生的海洋灾害重现期大于100年，灾害影响了正常海洋资源开发活动，极其严重地破坏甚至完全摧毁了资源开发的相关设备设施，导致资源开发活动在一定时期内停止，再次开展资源开发活动需要完全重建相关设备设施。一般来说该级别的灾害影响导致的直接经济损失大于5亿元人民币，且造成的人员死亡（失踪）人数大于等于30人。

5.2.3 生成测度样本的原则

测度海洋灾害影响近海海洋资源开发的影响程度，需要处理大量的实测数据，生成测度样本。针对我国近海海域幅员辽阔，南北跨度很大，不同海区影响海洋资源开发的灾害种类不同，以及同种海洋灾害的引发原因不尽相同等特点，在生成测度样本时需要充分考虑海区、灾害方向、灾害过程、灾害类型等因素的影响。

1. 充分考虑不同海区的差异性

我国近海分成渤海、黄海、东海和南海，在这4个海区引发海上大风的气象因素不同。渤海海域的海上大风主要由冷空气和温带气旋引发，热带气旋几乎影响不到渤海；黄海海域的海上大风主要由冷空气和温带气旋引发，但是热带气旋在每年8～9月对黄海有一定的影响；东海海域和南海海域的海上大风主要由热带气旋引发，但是冷空气和温带气旋在每年冬春季节对东海有一定的影响。此外，渤海和黄海地理位置具有特殊性，这两个海区受到陆地包围，从统计资料来看每年的大风天数要远远少于东海和南海。各个海区滨海地形、地势也有较大差异。以上几点不同海区差异性的具体表现。

2. 分方向统计实测数据形成样本

海上大风的风向分为N、NNE、NE、ENE、E、ESE、SE、SSE、S、SSW、SW、WSW、W、WNW、NW、NNW。受风向的影响，海浪和风暴潮也呈现方向性。因此在统计实测数据生成样本的时候，要充分考虑方向的影响，分风向统计数据，形成不同方向的测度样本。

3. 考虑灾害过程的完整性

一般来说，海上大风、海浪、风暴潮等灾害都有一定的持续时间，从统计资料和气象资料来看，以上3种灾害发生一次的持续时间从数小时到数天不等。一次灾害过程，在统计实测数据生成样本的过程中，运用不同的样本生成方法考虑过程最大值和n个较大值，充分考虑一次灾害统计数据的完整性。

4. 考虑同一灾害的致灾差异性

海上大风发生在不同海区，受到地理和环境因素的影响，导致的后果会有较大差异。即便是海上大风发生在同一海区，由于引发大风的气象因素不同，大风灾害的持续时间及导致的后果也会有较大差异。因此在统计实测数据生成样本的过程中，要充分考虑导致同一海洋灾害的气象因素的影响，选择科学合理的方法生成样本。

5.2.4　生成测度样本的方法选择

风和海浪是自然现象，自然现象的形成、变化和消亡是一个随机过程。随机过程最大的特点就是不确定性，整个过程会随着时间、空间的变化而变化。要描述这样的随机过程，就要分析随机过程特征和属性，根据随机过程的特点建立随机函数，然后选取合理的样本输入随机函数，经过函数计算得出结果进行描述。同样要描述随机过程对某一事物的影响，也需要如上的分析、处理和计算过程。在这个过程中，样本的选取直接影响最终的计算结果，同样的随机函数输入不同样本而得到的结果必然是不同的。因此，样本的选取对于最终的计算结果而言十分重要。样本的作用在于很好反映总体的实际情况，通过样本的选取充分利用有限的数据资料，并且能够全面真实地反映出总体或事物的实质性规律。尤其在数据资料有限的情况下，通过样本选取对数据资料充分合理地利用尤为重要。在数理统计学中，根据解决问题的需要和随机函数的要求，有很多样本的选取方法。针对本节数据资料情况和计算特点，选取样本的方法有最大值法、阈值法、N 大值法 3 种。

1. 最大值法

最大值法是从等连续时间段的统计数据中选出最大值，通常有年最大值法、月最大值法和日最大值法。年最大值法和月最大值法所选择出的样本数据是相互独立大风过程的风速最大值[136]，年最大值是从每年测得的风速数据中选取最大的一个数值，月最大值是从每月测得的风速数据中选取最大的一个数值。最大值法选取样本简便易行，不需要对数据做烦琐的处理，但是最大值法选取样本适用于有长期（一般是 15 年以上）统计数据的计算[137]。

最大值法选取样本对总体数据的利用率较低，尤其是年最大值法每年只选取一个数据，这样往往会出现有的年份的次最大值大于已经选取出的其他年份的年最大值。有些年份海上的风会刮得大一些，有些年份风会刮得小一些，会出现大风年和小风年。也就是说，大风年的年次最大值要大于小风年的年最大值，这样一来，就会把大风年的一些较大的数据舍去，造成样本数据不能很好地反映总体数据的实际情况。把这样的样本输入随机函数，得出的计算结果往往精度不够、误差较大[138]。

2. 阈值法

为了克服最大值法不能充分利用总体数据、不能很好反映总体实际情况的缺点，很多学者开始寻找其他合理的样本选取方法，阈值法就是其中的一种。在样本选取的过程中，根据统计数据和计算需要，事先设定一个数值，称为阈值；凡是达到或者超过阈值的数据均可被选入样本，这样的样本选取方法就是阈值法。风和波浪都可以用阈值法选取样本。

在金融领域和海洋工程领域，阈值法是一种常用的样本选取方法，近年来阈值法在海洋灾害预测计算和概率分析方面用得较多，该方法随着不断推广应用及研究，已经从理论上完善起来。根据广义极值分布

$$W(x)=1+\ln G(x) \tag{5-3}$$

令 $W(x)\in(0,1)$ 便可以得到广义 Pareto 分布

$$W(x)=1-\left(1+\xi\frac{x-\mu}{\sigma}\right)^{-\frac{1}{\xi}} \tag{5-4}$$

$$P(X<x|X>u)=W(x)^{[u]}=1-\left(1+\xi\frac{x}{\sigma+\xi(x-\mu)}\right)^{-\frac{1}{\xi}} \tag{5-5}$$

根据广义 Pareto 分布的性质，有

$$E(X-u|X>u)=\frac{\sigma-\xi\mu}{1-\xi}+\frac{\xi}{1-\xi}u \tag{5-6}$$

式中，u——阈值；

$E(X-u|X>u)$——阈值超出量的数学期望值。

数学期望值近似于平均值，可以根据式（5-6）绘出阈值 u 和总体中观测值超出量 $(X-u|X>u)$ 的平均值的平均剩余寿命图，如图 5-1 所示。当形状参数 ξ 稳定时，图形波动较小，比较平滑或者接近于直线。图 5-1 中以阈值 u 作为横轴，以 $E(X-u|X>u)$ 作为纵轴，波动直线的截距和斜率分别是 $\frac{\sigma-\xi\mu}{1-\xi}$ 和 $\frac{\xi}{1-\xi}$，据此可以由平均剩余寿命图中波动直线段所对应的横坐标 u 作为阈值的可选范围[139]。

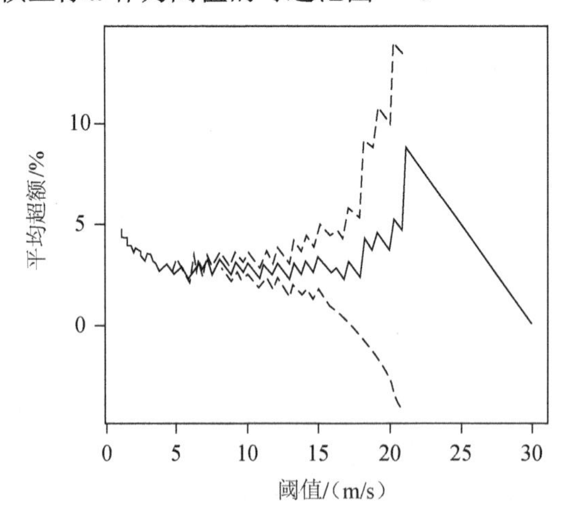

图 5-1　平均剩余寿命

3. N 大值法

在运用阈值法的时候，阈值的选取非常重要，针对具体问题图形往往反映出的是一个范围，要根据实际问题仔细斟酌选取。N 大值法对阈值法的以上不足做了改进，从等连续时间段的统计数据中选出 N 个最大值，N 一般取 5、6、7、10、15 等。实际上当 N=1 时，N 大值法就是最大值法，因此最大值法是 N 大值法的一个特例。常用的 N 大值法有年 N 大值法、月 N 大值法等。

N 大值法由 R.L.Smith 提出后，相关学者陆续把该方法运用于海洋灾害的预测中[140-144]。N 大值法能够充分利用实测数据，进而能充分反映总体的实际情况，在实际应用计算结果误差较小[145-153]。

5.3　海洋灾害致灾机理分析

5.3.1　致灾因子

海上大风的主要致灾因子是风速，风速大小决定了风灾破坏力的大小，同时决定了灾害性海浪的波高和风暴增水的大小，海上大风往往和其他天气系统共同作用引发狂风、暴雨。暴雨的发生会加剧风灾的破坏力，在风雨的共同作用下，海上大风会吹毁沿海房屋，破坏停泊在港口的船只，破坏沿海的鱼塘、防波堤等设施。根据历年国家海洋局发布的海洋灾害公报，分析海上大风的破坏情况可知，当过程风力在 7 级以下和过程降雨量小于 25mm 时，基本不会造成经济损失和人员伤亡[154]。因此测度海上大风的影响时，需对风速和降雨量进行如下设计：

$$\begin{cases} x=0, & R<25 \\ x=\dfrac{R}{50}+1, & 25\leqslant R\leqslant 300 \\ x=7, & R>300 \end{cases} \tag{5-7}$$

$$\begin{cases} y=0, & f<13.6 \\ y=\dfrac{f-13.6}{3.8}+1, & 13.6\leqslant f\leqslant 36.4 \\ y=7, & f>36.4 \end{cases} \tag{5-8}$$

$$\varphi_{\mathrm{d}}=A\frac{x}{7}+B\frac{y}{7} \tag{5-9}$$

式中，x——某地区海上大风的影响程度，单位为 m/s；

y——某地区降雨的影响程度，单位为 mm；

R——某地区过程降雨量，单位为 mm；

f ——某地区过程最大风速，单位为 m/s；

A，B ——权重系数；

φ_d ——某地区海上大风致灾因子强度指数。

5.3.2 孕灾环境

海洋灾害对近海海洋资源开发活动的影响，致灾因子起到决定性作用，孕灾环境则对灾害的影响程度起到放大或者缩小的作用[155]。孕灾环境包含的因素主要是自然地理因素，海域状况、近岸地质类型、近岸地势高低、近岸地形起伏、近岸河网密度等都是要考虑的因素。如果整片海域被陆地包围、海水平均深度不大，那么发生较大风灾的概率会大大降低；如果大风作用在地势低洼、河网密集的近岸带，较容易引发海水渍涝；如果近岸带地势起伏明显，或者层峦叠嶂、沟壑纵横，则要防范山体滑坡和泥石流等次生灾害的发生。衡量我国近岸带孕灾环境的致灾情况，主要设定了海域状况（φ_1）、近岸地质类型（φ_2）、地势绝对高度（φ_3）、地形起伏程度（φ_4）、近岸河网密度（φ_5）指标[156-164]。

1. 海域状况

①海域面积广阔、海水较深，没有大陆包围的海区受到大风的破坏要严重一些；②海域面积狭小、水深较浅，基本或者部分被大陆包围的海区受到大风的破坏程度要低一些。我国近海的渤海平均深度较小，几乎被山东半岛和辽东半岛包围，符合上述的第二种情况；黄海海域基本符合第二种情况；东海和南海属于第一种情况。

2. 近岸地质类型

近岸地质类型主要考虑岩土类型，不同岩土在经受持续强降水侵袭之后，含水量增加，有的容易引发泥石流、山体滑坡等次生灾害。该因子取决于近海带的地质情况、降水强度和降水的持续性。

3. 地势绝对高度

相对来说，地势绝对高度越大的近岸区域不容易出现大范围的积水现象，因此不容易发生渍涝灾害；而绝对高度较小的近岸区域发生渍涝灾害的概率要大得多。

4. 地形起伏程度

地形起伏明显或者地形起伏较大，说明局部地势有高有低，持续的强降水发生后，地表径流可以汇集到沟壑排出，不容易形成水淹灾害；如果地形起伏程度较小，或者近岸区域地势相对平坦，一旦持续强降水超过局部地表排泄能力，则会发生大面积的水淹和渍涝。

5. 近岸河网密度

一般来说，地表径流最终要汇集到河流，剧烈的降水往往可能使得水量超过河流设计蓄洪和排水能力，致使河水漫溢，严重时会导致决堤。

以上海域状况、近岸地质类型、地势绝对高度、地形起伏程度、近岸河网密度 5 个指标是相互独立、相互平行的单因子，把以上 5 个指标进行简单线性组合，得到孕灾环境影响因子，公式如下：

$$\varphi_{se} = w_1\varphi_1 + w_2\varphi_2 + w_3\varphi_3 + w_4\varphi_4 + w_5\varphi_5 \tag{5-10}$$

式中，φ_{se}——孕灾环境影响因子；

φ_i（$i=1,2,3,4,5$）——各个单因子的强弱程度；

w_i（$i=1,2,3,4,5$）——对应单因子在线性组合中的权重大小。

孕灾环境是一个相对抽象的综合指标，难以通过量化对各个因子的重要程度进行计算，可以考虑采用专家打分法、层次分析法和强制确定法来确定权重。

5.3.3 承灾体

近海海洋资源开发过程中，凡是容易受到海洋灾害影响或者破坏的事物，理论上都属于承灾体的范畴。在测度承灾体的脆弱性或者易损程度方面，所考虑的方面尽量贴合实际情况。综合考虑历年国家海洋局的海洋灾害公报和相关海洋灾害致灾案例后，承灾体影响因子主要考虑海域使用类型（φ_6）、人口密度（φ_7）、单位海域 GDP（φ_8）、近岸地区生产设施的防灾能力（φ_9）、近岸地区房屋的防灾能力（φ_{10}）5 个方面。

不同海域使用类型（φ_6）对海洋灾害的承载能力具有较大差异性，在很大程度上决定了其脆弱性程度[165]。根据国家海洋局发布的《海域使用分类体系》，我国把近海海域使用分成渔业用海、工业用海、交通运输用海、旅游娱乐用海、海底工程用海、排污倾倒用海、造地工程用海、特殊用海和其他用海 9 种海域使用类型，如表 5-2 所示。

表 5-2　海域使用类型名称和编码

一级类		二级类	
编码	名称	编码	名称
1	渔业用海	11	渔业基础设施用海
		12	围海养殖用海
		13	开放式养殖用海
		14	人工鱼礁用海
2	工业用海	21	盐业用海
		22	固体矿产开采用海
		23	油气开采用海
		24	船舶工业用海

续表

一级类		二级类	
编码	名称	编码	名称
2	工业用海	25	电力工业用海
		26	海水综合利用用海
		27	其他工业用海
3	交通运输用海	31	港口用海
		32	航道用海
		33	锚地用海
		34	路桥用海
4	旅游娱乐用海	41	旅游基础设施用海
		42	浴场用海
		43	游乐场用海
5	海底工程用海	51	电缆管道用海
		52	海底隧道用海
		53	海底场馆用海
6	排污倾倒用海	61	污水达标排放用海
		62	倾倒区用海
7	造地工程用海	71	城镇建设填海造地用海
		72	农业填海造地用海
		73	废弃物处置填海造地用海
8	特殊用海	81	科研教学用海
		82	军事用海
		83	海洋保护区用海
		84	海岸防护工程用海
9	其他用海		

人口密度（φ_7）指标主要考察近岸地区人口分布和密度大小；单位海域 GDP（φ_8）指标主要考察海洋资源开发海域单位面积创造 GDP 的大小；近岸地区生产设施的防灾能力（φ_9）指标主要衡量用于海洋资源开发的生产设施抵御海洋灾害的能力；近岸地区房屋的防灾能力（φ_{10}）指标主要衡量用于海洋资源开发的生活住房抵御海洋灾害的能力。

φ_6、φ_9、φ_{10} 3 个指标采用专家打分、层次分析法相结合的方法计算易损性。以上 5 个单因子是相互独立、相互平行的，进行简单线性组合，得到承灾体脆弱性影响因子如下：

$$\varphi_{sc} = w_6\varphi_6 + w_7\varphi_7 + w_8\varphi_8 + w_9\varphi_9 + w_{10}\varphi_{10} \tag{5-11}$$

式中，φ_{sc}——承灾体脆弱性影响因子；

φ_i（$i=6,7,8,9,10$）——各个单因子的强弱程度；

w_i（$i=6,7,8,9,10$）——对应各个单因子在线性组合中的权重大小。

由于难以通过量化对各个因子的相对重要程度进行计算，故考虑采用专家咨询后打分，再用层次分析法和强制确定法来确定各个单因子的权重，然后代入式（5-11）线性组合，最终得到承灾体脆弱性影响因子的数值。

5.3.4　区域御灾能力

区域御灾能力越强，同样强度的海洋灾害造成的直接经济损失和人员伤亡程度也就越低。在区域御灾能力方面，所考虑的影响因素尽量贴合实际情况。综合考虑历年国家海洋局的海洋灾害公报和相关海洋灾害致灾案例后，区域御灾能力影响因子主要考虑近海御灾设施完善程度（φ_{11}）、单位海域财政收入（φ_{12}）、交通疏散能力（φ_{13}）、涉海从业人员人均收入（φ_{14}）4 个方面。

近海御灾设施完善程度（φ_{11}）主要衡量防御海洋灾害的基础设施，如防波堤、水利设施、海塘设施等在一个区域内是否具备很好的御灾一致性；单位海域财政收入（φ_{12}）指标主要衡量沿海县市单位海域的财政收入大小，经济越发达，地方财政收入越高，用于海洋基础设施建设和御灾设施建设的经费也就越多，区域御灾能力也就越强；交通疏散能力（φ_{13}）指标主要衡量沿海地区交通发达程度，一般来说，交通越发达，发生灾害后越能够救治伤员，救援物资和人员越能够及时抵达灾害现场，降低灾害损失；涉海从业人员人均收入（φ_{14}）指标主要衡量相关人员的自我救助能力大小，涉海从业人员人均收入越高，具备的自我救助能力就越强。

以上区域御灾能力 4 个单因子相互独立、相互平行，进行简单的线性组合，得到区域御灾能力影响因子如下：

$$\varphi_{sf} = w_{11}\varphi_{11} + w_{12}\varphi_{12} + w_{13}\varphi_{13} + w_{14}\varphi_{14} \tag{5-12}$$

式中，φ_{sf}——某区域御灾能力影响因子；

φ_i（$i=11,12,13,14$）——各个单因子的大小；

w_i（$i=11,12,13,14$）——对应各个单因子权重系数。

由于难以通过量化对各个因子的相对重要程度进行计算，故考虑采用专家咨询后打分，再用层次分析法和强制确定法来确定各个单因子的权重，然后代入式（5-12）线性组合，最终得到区域御灾能力影响因子的数值。

5.3.5　定性分析体系构建

通过以上对影响近海海洋资源开发开发的海洋灾害的定性分析，从海洋灾害的致灾因子、孕灾环境、承灾体、区域御灾能力 4 个方面建立了 15 项衡量指标，衡量海洋灾害对近海资源开发活动的影响。致灾因子、孕灾环境、承灾体和区域御灾能力 4 个方面是海洋灾害影响近海资源开发活动，造成经济损失和人员伤亡的必要条件，缺一不可。以上 4 个方面也是相互独立、相互平行的关系，因此海洋灾害影响近海资源开发程度可以表示为

$$\mathrm{YX} = \varphi_{d}c_1 + \varphi_{se}c_2 + \varphi_{sc}c_3 + \varphi_{sf}c_4 \tag{5-13}$$

式中， YX——海洋灾害影响近海海洋资源开发程度；

$c_i(i=1,2,3,4)$——海洋灾害影响权重系数。

以上4个权重系数也是经过专家咨询后，运用层次分析法和强制确定法计算得出的。详细的海洋灾害影响近海海洋资源开发定性测度体系如表5-3所示。

表5-3 海洋灾害影响近海海洋资源开发定性测度体系

一级指标	二级指标	三级指标
海洋灾害影响近海海洋资源开发程度 $YX=\varphi_d c_1+\varphi_{se}c_2+\varphi_{sc}c_3+\varphi_{sf}c_4$	致灾因子强度 $\varphi_d=A\frac{x}{7}+B\frac{y}{7}$	致灾因子强度 φ_d
	孕灾环境影响因子 $\varphi_{se}=w_1\varphi_1+w_2\varphi_2+w_3\varphi_3+w_4\varphi_4+w_5\varphi_5$	海域状况 φ_1
		近岸地质类型 φ_2
		地势绝对高度 φ_3
		地形起伏程度 φ_4
		近岸河网密度 φ_5
	承灾体脆弱性影响因子 $\varphi_{sc}=w_6\varphi_6+w_7\varphi_7+w_8\varphi_8+w_9\varphi_9+w_{10}\varphi_{10}$	海域使用类型 φ_6
		人口密度 φ_7
		单位海域GDP φ_8
		设施防灾能力 φ_9
		房屋防灾能力 φ_{10}
	区域御灾能力影响因子 $\varphi_{sf}=w_{11}\varphi_{11}+w_{12}\varphi_{12}+w_{13}\varphi_{13}+w_{14}\varphi_{14}$	御灾设施完善 φ_{11}
		单位海域财收 φ_{12}
		交通疏散能力 φ_{13}
		涉海人员收入 φ_{14}

近海海洋资源开发过程中，海洋灾害影响资源开发活动，致灾因子、孕灾环境、承灾体和区域御灾能力都是客观的。随着科学技术的不断发展和人类认识的提高，越来越多的技术、管理、经济等措施用于海洋灾害的预防，积极的御灾措施会大大降低灾害风险和灾害影响程度[166]。考虑到人类积极的御灾措施，将上述海洋灾害影响近海资源开发的定性测度模型补充如下：

$$
\begin{aligned}
\text{ZHRisk}&=\text{YX}\cdot[a+(1-a)(1-R)]\\
&=(\varphi_d c_1+\varphi_{se}c_2+\varphi_{sc}c_3+\varphi_{sf}c_4)\cdot[a+(1-a)(1-R)]
\end{aligned}
\tag{5-14}
$$

式中， ZHRisk——海洋灾害影响近海海洋资源开发的风险。

常数 a——灾害影响不可防御的部分，人类积极主动的御灾措施能够有效减小海洋灾害风险，人类的防御能力完全发挥至100%，此时 $R=1$；如果人类没有采取任何防御措施，此时 $R=0$，海洋灾害造成的影响就是YX。在目前科学技术发展水平，以及我国近海海洋御灾基础设施建设程度条件下，海上大风、海浪和风暴潮等海洋灾害的影响大部分属于不可防御的范围，所以，在本书中，常数 a 一般取值为0.8～0.9。

5.4　定量测度模型构建

5.4.1　模型的数学来源

海洋灾害影响近海海洋资源开发的定量测度主要是预测某一海洋灾害，在不同时间段内致灾因子极值大小。建立模型后，通过输入不同的时间段样本，经过计算机运算可以得到该时间段内不同重现期致灾因子的极值。然后通过对极值的分析，采取可靠的御灾措施。应用数学领域，极值预测是一个非常重要的分支，在经济、金融、工程领域极值预测有着非常广泛的应用。

根据 Fisher-Tippett 的极值类型定理[4]，设 $X_1, X_2, \cdots, X_{n-1}, X_n$ 是独立同分布的随机变量序列，如果存在常数数列{ a_n>0}和{ b_n }，使得 $\lim\limits_{n\to\infty}\Pr\left(\dfrac{M_n-b_n}{a_n}\leqslant x\right)-H(x), x\in R$ 成立，其中 M_n=max{ $X_1, X_2, \cdots, X_{n-1}, X_n$ }， $H(x)$ 是非退化的分布函数，那么 H 必属于下列 3 种类型之一。

1）Ⅰ型分布： $H_1(x)=\exp\{-\mathrm{e}^{-x}\}, -\infty<x<+\infty$；

2）Ⅱ型分布： $H_2(x;\ \alpha)=\begin{cases}0, & x\leqslant 0,\\ \exp\{-x^{-\alpha}\}, & x>0,\end{cases}\alpha>0$；

3）Ⅲ型分布： $H_3(x;\ \alpha)=\begin{cases}\exp\{-(-x^{a})\}, x\leqslant 0,\\ 1, x>0,\end{cases}\alpha>0$

其中，Ⅰ型分布称为 Gumbel 分布，Ⅱ型分布称为 Fréchet 分布，Ⅲ型分布称为 Weibull 分布，这 3 种分布统称为极值分布。当 α =1 时，$H_2(x;1)$，$H_3(x;1)$ 分别称为标准 Fréchet 分布与标准 Weibull 分布。 a_n、 b_n 是规范化常数。

5.4.2　构建模型需要考虑的因素

构建定量预测海洋灾害致灾因子极值预测模型，需要考虑灾害重现期、灾害发生次数等因素。

1. 灾害重现期

构建定量测度模型时，灾害重现期可以是 1～+∞的任意自然数，也就是说，模型可以预测出任意重现期的致灾因子极值大小。

2. 灾害发生次数

构建定量测度模型，考虑海洋灾害发生的次数，某地区每年某种海洋灾害发生的次数符合Poisson分布，因此某地区每年某种海洋灾害发生次数也是1～+∞ 的任意自然数。

5.4.3 模型构建

1. Poisson 分布

Poisson 分布是一维离散型概率分布的一种，适用于描述单位时间内随机事件发生的次数。例如，一年内或某个月份内，风暴潮灾害在山东沿海地区发生的次数；公共汽车在经过某个车站时，等候上车的乘客人数等。同样可以用 Poisson 分布描述海上大风、风暴潮、海浪等海洋灾害一段时间内在某个区域发生的次数。

Poisson 定理[167]：设 $\lambda>0$ 是一个常数，n 是任意正整数，另设 $np_n=\lambda$，那么对于任一固定的非负整数 k，有

$$\lim_{n\to\infty}\binom{n}{k}p_n^k(1-p_n)^{n-k}=\frac{\lambda^k e^{-\lambda}}{k!} \tag{5-15}$$

当 n 很大、p 很小时，有如下近似式：

$$\binom{n}{k}p^k(1-p\ )^{n-k}\approx\frac{\lambda^k e^{-\lambda}}{k!} \tag{5-16}$$

Poisson 分布的表达式一般记为

$$P(X=k)=\frac{\lambda^k e^{-\lambda}}{k!} \tag{5-17}$$

2. Gumbel 分布

Gumbel 分布是经典极值分布的第一种类型，在经济、金融、工程等领域一般用 Gumbel 分布预测不同重现期的极值。Gumbel 分布要求极值序列的样本容量比较大，一般不少于 15 年。我国绝大多数海洋观测站的现有观测资料，基本可以满足这一条件。

Gumbel 分布的分布函数如下：

$$G(x)=e^{-e^{-\alpha(x-u)}} \tag{5-18}$$

标准 Gumbel 分布的分布函数如下：

$$G(x)=e^{-\lambda^{-x}} \tag{5-19}$$

随机变量 X 的数学期望为

$$E_X=u+\frac{0.5772}{\alpha} \tag{5-20}$$

随机变量 X 的均方差为

$$\sigma_X=\frac{\pi}{\sqrt{6}\alpha} \tag{5-21}$$

设变量 $y=\alpha(x-u)$，α 和 u 为曲线的两个参数，用最小二乘法解得

$$\alpha=\frac{\sigma_n}{s_x} \tag{5-22}$$

$$u = \overline{x} - \frac{\overline{y}}{\alpha} \tag{5-23}$$

$$s_x = \sqrt{\frac{1}{n}\sum x_i^2 - \left(\frac{1}{n}\sum x_i\right)^2} \tag{5-24}$$

$$\sigma_n = \sqrt{\frac{1}{n}\sum y_i^2 - \left(\frac{1}{n}\sum y_i\right)^2} \tag{5-25}$$

$$\overline{x} = \frac{1}{n}\sum x_i \tag{5-26}$$

$$\overline{y}_n = \frac{1}{y}\sum y_i \tag{5-27}$$

式中，σ_n，$\overline{y}_n$——仅与项数 n 有关的函数，当 n 确定后，可由 $P = \frac{m}{n+1}$ 的公式求得 σ_n，$\overline{y}_n$ 值。

将 x 按递减次序排列，第 m 项的经验频率 $P = \frac{m}{n+1} \times 100\%$，因重现期 $T = \frac{1}{P}$，则 T 年一遇特征值 x_{p} 为 $P = 1 - \mathrm{e}^{-\mathrm{e}^{-y_{\mathrm{p}}}}$。将 $y_{\mathrm{p}} = \alpha(x_{\mathrm{p}} - u)$ 代入 $P = 1 - \mathrm{e}^{-\mathrm{e}^{-y_{\mathrm{p}}}}$ 得

$$x_{\mathrm{p}} = u - \frac{1}{\alpha}\ln[-\ln(1-P)] \tag{5-28}$$

3. Poisson 分布和 Gumbel 分布复合

根据复合极值分布理论，离散型随机变量的概率分布：

$$\begin{pmatrix} 0 & 1 & 2 \cdots & k & \cdots \\ p_0 & p_1 & p_2 \cdots & p_k & \cdots \end{pmatrix}$$

和连续型随机变量的联合分布 $G(x)$，可以复合成一种新的概率分布-复合极值分布：

$$F_0(x) = \sum_{k=0}^{\infty} p_k\left[G(x)\right]^k \tag{5-29}$$

Poisson 分布是离散型概率分布，Gumbel 分布是连续型概率分布，这两种分布符合极值分布理论复合的条件。把式（5-17）Poisson 分布和（式 5-19）Gumbel 分布进行复合可以得到

$$F(x) = \sum \frac{\lambda^k \mathrm{e}^{-\lambda}}{k!}\left[G(x)\right]^k = \mathrm{e}^{-\lambda[1-G(x)]} \tag{5-30}$$

$F(x)$ 就是把 Poisson 分布和 Gumbel 分布复合之后得到的新的分布函数，称为 P-G 分布。在解决实际问题时，往往要给 $F(x)$ 赋一个值 R（$0<R<1$）然后求解方程

$$F(x) = R \tag{5-31}$$

令 p=1－R，$T = \frac{1}{p} = \frac{1}{1-R}$，$T$ 为重现期；如果 x_R 满足式（5-31），那么 x_R 就是要求解的 T 年一遇极值。

第6章　海洋灾害影响我国近海海洋资源开发测度

6.1　实测数据收集

6.1.1　数据资料

山东半岛是我国近海最大的半岛，由北部的渤海和东南部的南黄海包围。山东半岛近岸带主要地形是低山和丘陵，这两种地形约占70%；其次是海积平原，约占30%。整个山东半岛南黄海近岸平均海拔为200m，有数列东北—西南走向的山岭，海拔在500～1000m，其中崂山最高，海拔1130m，半岛近岸带地表主要是花岗岩。南黄海近岸海岸线曲折，多海湾、岛屿和岬角。山东半岛属于暖温带海洋性气候，年平均降水量650～800mm，其中60%的降水集中在夏季。本书选取的实测资料来自于南黄海潮连岛海洋观测站，潮连岛又称“褡裢岛”“沧舟岛”，位于青岛市东南方向的南黄海海域，属于崂山区沙子口社区的一个无居民岛。距离青岛市区约有 40km，是青岛市沿海最远的一个岛屿。潮连岛位于北纬35° 53′33.7″，东经120° 52′32.3″，面积0.245 5km^2，最高点海拔68.8m，距大陆最近点31.4km，是离大陆较远的海岛。由于潮连岛远离大陆，被包围在茫茫大海之中，因此，受季风的影响很大，天气变化异常。潮连岛由3个小岛组成。岛中央有气象站，岛上有15km的公路；除主岛潮连岛之外，它的东端称太平角，西端为西山头。太平角与主岛之间有长约60m、宽5m的断裂潮沟，半潮可以通过；西山头与主岛之间也有一条窄沟，低潮时可以越过。涨潮时，海水把3个小岛连接起来，这就是“潮连岛”的名称来历。

6.1.2　实测数据处理

根据我国《港口工程技术规范》中对原始观测数据的处理要求，本书对原始观测数

据进行了如下处理：

1）根据观测站工作人员和相关专家的指导和建议，剔除了无效和有误的原始数据，排除偶然性因素的影响。

2）按照规范要求将实测的海上大风资料换算成标准离地高度 10m，平均风速时距 10min，标准条件下的空气密度、温度和气压等条件下的数据资料。按照年份、月份统计好处理后的数据资料，并进行降序排列。

3）按照规范要求将实测的海浪资料进行处理，剔除涌浪、近岸浪，只保留风浪一种海浪类型。

4）选取的观测数据资料应满足模型对最低年份数的要求，至少具有 15 年的数据。

6.2　海上大风致灾因子测度

6.2.1　形成测度样本

将原始数据换算成标准离地高度 10m，平均风速时距 10min 等标准条件下的数据资料，把资料按照年份分成 26 个年份数据，按照月份分成 12 个月份数据。然后按照风向玫瑰图的 N、NNE、NE、ENE、E、ESE、SE、SSE、S、SSW、SW、WSW、W、WNW、NW、NNW 分方向形成各个风向的年样本，并形成 12 个月份的月样本。考虑到相邻风向之间的相互影响，一般来说某个方向的风速很大，就会对该风向相邻方向的风起到加强作用[168]。把分风向的年样本和月样本中每个风向的风速数据向其左右 90° 范围内的各个风向投影，充分考虑相邻方向风速之间相互影响和相互加强，最终得到投影后新的样本数据资料。

按照计算模型的要求，从新的样本数据中提取分风向的年最大值计算序列，月最大值计算序列，如表 6-1 和表 6-2 所示。不考虑风向影响的年最大值计算序列是由表 6-2 中每年各个风向中最大值形成的。

表 6-1　致灾因子分风向的年最大值计算序列　　单位：m/s

序号	N	NNE	NE	ENE	E	ESE	SE	SSE	S	SSW	SW	WSW	W	WNW	NW	NNW
1	23	16	11	10	10	11	15	16	15	13	11	10	15	19	21	23
2	17	15	13	13	18	19	18	15	13	12	13	12	13	15	17	18
3	19	17	13	10	12	13	12	11	12	12	12	11	15	19	21	21
4	23	21	17	13	12	16	17	16	14	13	12	11	16	20	22	24
5	22	18	20	18	17	16	14	17	18	17	14	12	16	21	23	24
6	28	26	20	14	13	17	18	18	18	17	14	14	18	23	25	26
7	26	24	18	13	13	17	18	18	17	15	14	16	17	21	25	27

续表

序号	N	NNE	NE	ENE	E	ESE	SE	SSE	S	SSW	SW	WSW	W	WNW	NW	NNW
8	24	22	17	18	16	15	18	19	18	15	12	11	19	25	27	25
9	25	23	18	19	18	14	15	16	16	15	15	14	14	18	21	23
10	23	18	18	17	16	17	18	17	16	17	16	14	21	27	29	27
11	23	18	16	16	15	17	18	19	18	18	17	16	20	23	25	25
12	22	20	16	15	16	15	15	17	18	17	13	13	17	20	22	21
13	19	17	16	14	14	15	16	16	15	13	13	16	21	23	24	22
14	18	18	17	13	12	10	12	16	17	18	17	14	16	17	18	20
15	22	18	17	16	16	15	16	18	19	18	14	16	20	24	26	24
16	21	19	18	15	17	18	22	24	22	18	17	15	18	23	25	23
17	20	18	14	13	12	13	16	17	18	17	15	14	18	23	25	23
18	22	20	16	15	14	15	14	15	16	15	14	13	18	20	22	22
19	23	21	16	14	13	14	15	16	15	15	14	18	23	25	23	21
20	22	19	15	12	15	18	20	19	18	17	18	17	22	24	24	24
21	26	20	16	17	16	16	18	19	19	18	14	14	16	20	26	28
22	19	18	16	21	28	30	26	28	26	19	18	13	18	19	21	19
23	21	19	18	13	16	17	16	15	16	15	16	15	18	20	21	23
24	23	21	16	12	16	21	24	26	24	18	15	12	16	21	23	24
25	21	16	14	15	16	15	16	17	18	17	16	16	20	23	25	23
26	24	22	17	17	18	18	18	18	17	16	27	35	38	24	26	25

表 6-2　致灾因子月最大值计算序列　　单位：m/s

序号	1月	2月	3月	4月	5月	6月	7月	8月	9月	10月	11月	12月
1	23	20	17	15	10	11	16	11	18	15	16	20
2	14	14	17	18	19	13	13	16	13	14	16	16
3	21	17	18	16	11	12	9	14	13	16	17	18
4	18	18	22	18	17	17	12	14	16	24	23	18
5	20	15	20	14	15	17	15	11	17	20	22	24
6	28	24	18	14	18	26	12	18	20	21	25	24
7	22	21	18	19	15	14	12	16	18	17	27	25
8	21	17	17	14	17	15	19	15	18	24	20	27
9	25	19	19	11	15	12	15	16	19	19	20	19
10	19	16	18	16	16	19	24	19	24	25	29	20
11	24	18	17	17	19	13	18	19	18	20	25	24
12	14	20	22	18	18	15	16	22	18	18	21	19

续表

序号	1月	2月	3月	4月	5月	6月	7月	8月	9月	10月	11月	12月
13	21	24	20	15	23	14	16	16	12	15	21	19
14	15	13	18	17	17	10	12	10	18	18	20	17
15	22	22	16	17	13	24	14	17	17	24	22	26
16	20	20	16	19	15	24	18	15	17	25	21	17
17	20	18	15	20	17	15	11	13	17	25	19	24
18	21	19	20	12	17	11	12	15	16	21	17	22
19	18	13	15	14	15	10	13	16	14	23	25	20
20	22	17	24	20	15	15	18	14	16	21	24	24
21	16	23	28	15	16	22	15	18	19	21	21	20
22	19	20	15	19	18	17	13	30	15	18	19	21
23	20	15	17	14	16	17	12	16	17	16	20	23
24	21	20	18	20	18	13	15	19	26	23	24	20
25	25	15	24	14	14	11	15	20	18	20	24	24
26	22	19	20	15	18	18	38	17	20	25	26	20

6.2.2　海上大风致灾因子极值测度

1. 致灾因子发生频次分析

对 26 年原始资料进行统计后得到海上大风过程频次，经过多种离散型概率分布假设检验，并对检验结果进行对比后发现 Poisson 分布最为适合。大风过程频次 Poisson 分布参数估计如表 6-3 所示，图 6-1 给出了大风过程频次的概率密度曲线和经验密度直方图，Poisson 分布可以接受。

表 6-3　大风过程频次 Poisson 分布参数估计

内容	数值							年数合计	次数合计	λ 估计值
每年大风过程次数	0	1	2	3	4	5	6	26	71	2.73
对应出现的年份数	3	3	6	5	5	3	1			

2. 确定计算序列阈值

原始数据分风向统计后，形成了每个风向的统计样本，运用阈值法对每个风向的样本进行筛选，得到风速平均剩余寿命图，选取图中相对平滑的线段对应的风速值作为阈值。N、NNE、NE、ENE、E、ESE、SE、SSE、S、SSW、SW、WSW、W、WNW、NW、NNW 16 个方向风速所对应的阈值分别为 19、17、13、12、13、13、13、14、15、14、13、11、13、16、22、21。每个方向的风速样本中，观测风速大于该方向阈值的作为一次大风过程。把每个方向所有大风过程的风速数据形成一个大风过程计算序列。图 6-2 为 NW、NNW、N、NNE 4 个风向的风速平均剩余寿命。

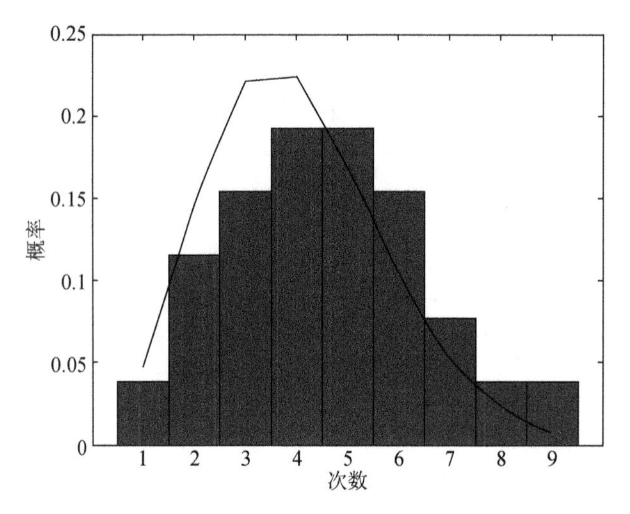

图 6-1 大风过程频次的概率密度曲线和经验密度直方图

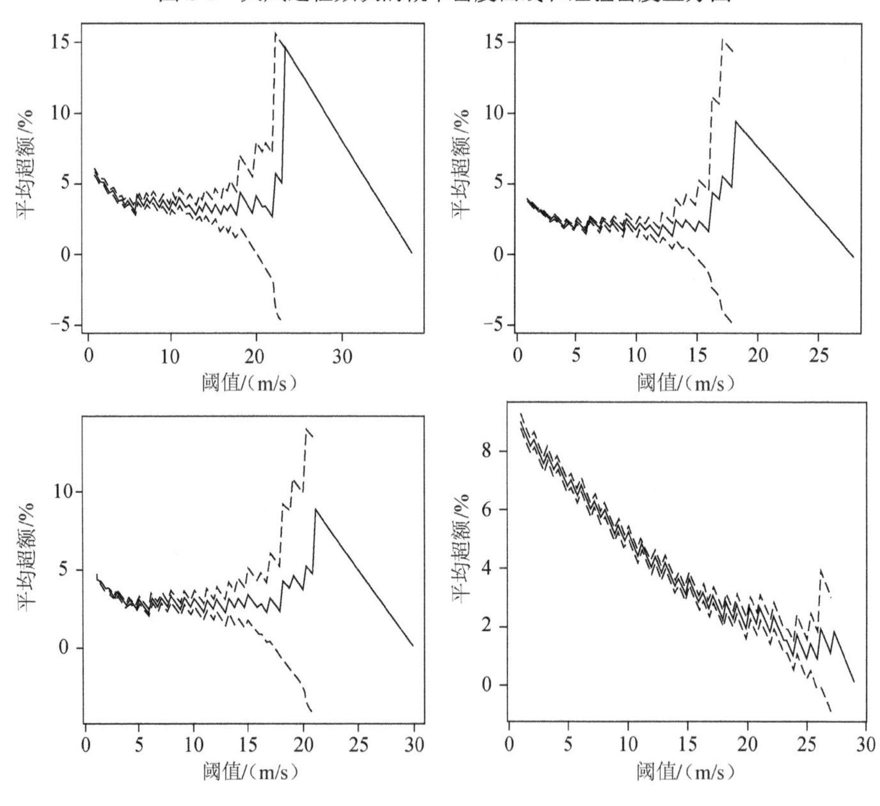

图 6-2 风速平均剩余寿命

3. 致灾因子曲线拟合与检验

把运用阈值法形成的 16 个方向的海上大风过程计算序列输入 P-G 分布模型，进行

曲线拟合，图 6-3～图 6-18 是 P-G 分布模型不同风向风速曲线拟合结果，从拟合结果可以看出，计算序列基本符合模型要求。

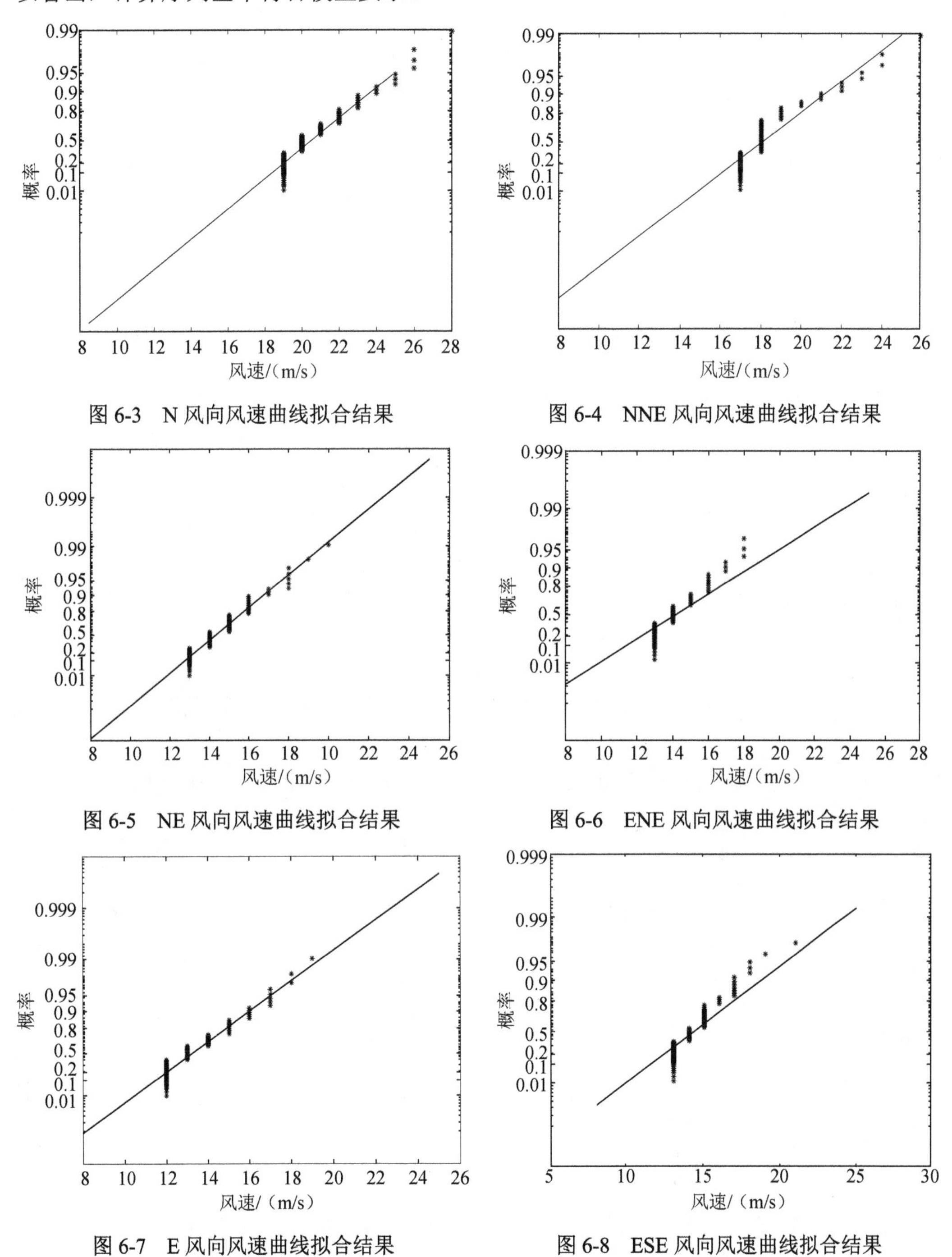

图 6-3　N 风向风速曲线拟合结果

图 6-4　NNE 风向风速曲线拟合结果

图 6-5　NE 风向风速曲线拟合结果

图 6-6　ENE 风向风速曲线拟合结果

图 6-7　E 风向风速曲线拟合结果

图 6-8　ESE 风向风速曲线拟合结果

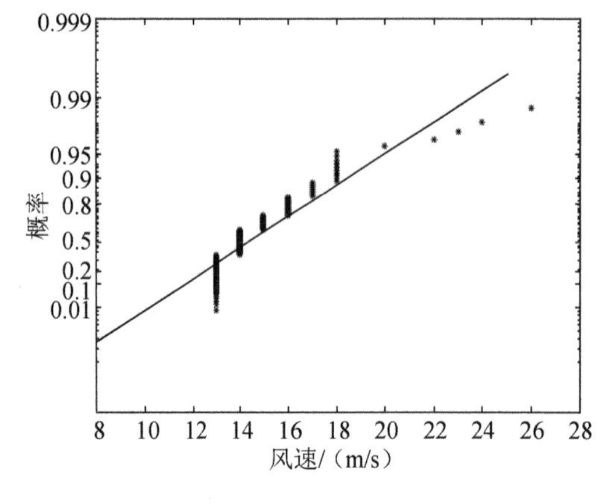

图 6-9　SE 风向风速曲线拟合结果

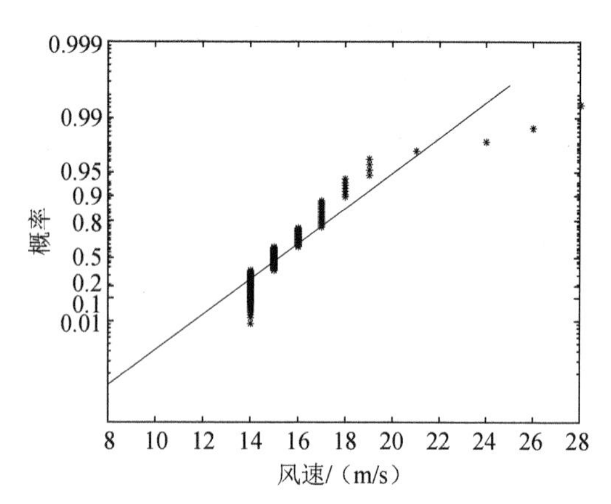

图 6-10　SSE 风向风速曲线拟合结果

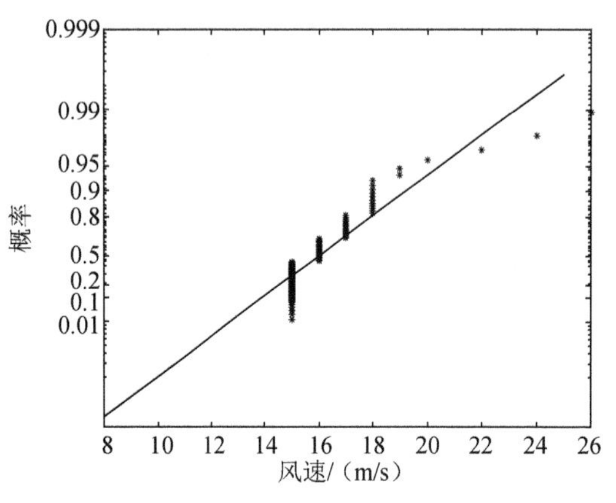

图 6-11　S 风向风速曲线拟合结果

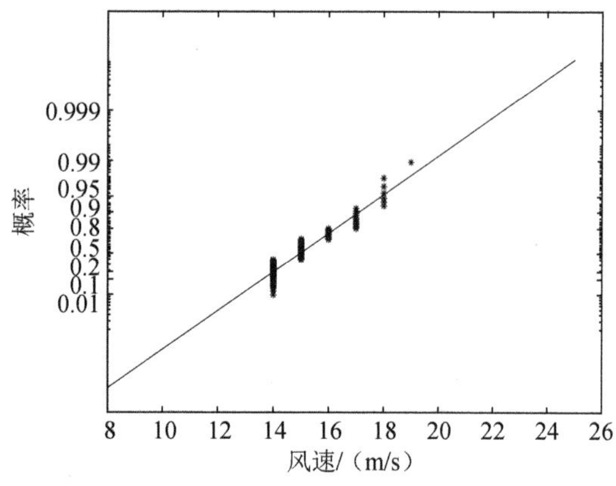

图 6-12　SSW 风向风速曲线拟合结果

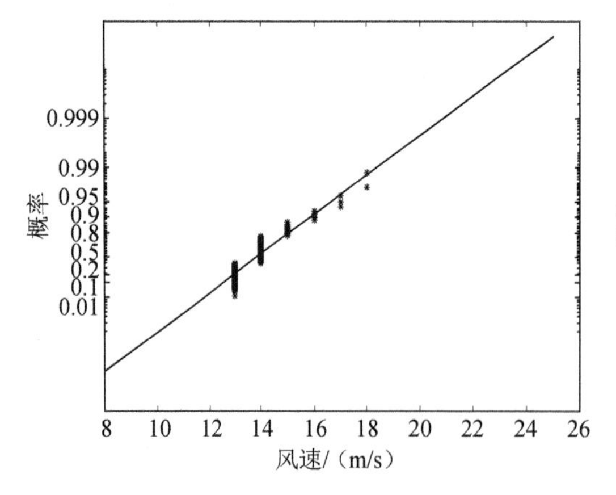

图 6-13　SW 风向风速曲线拟合结果

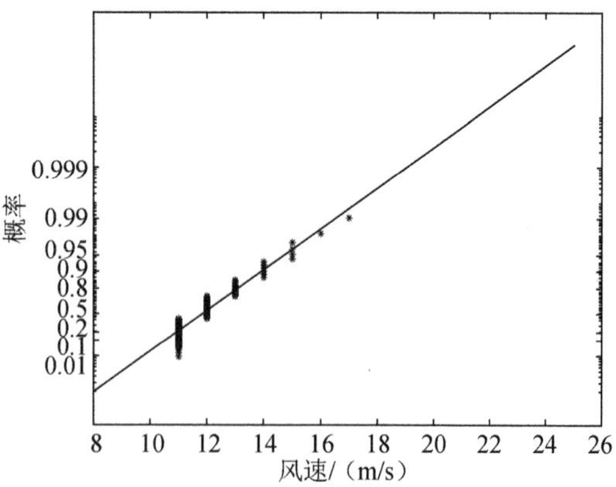

图 6-14　WSW 风向风速曲线拟合结果

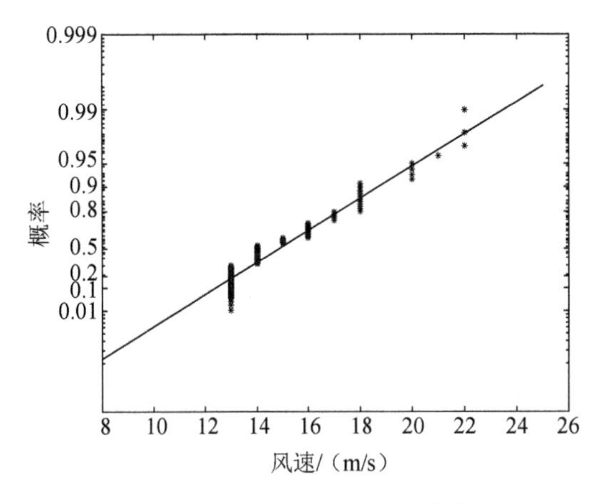

图 6-15　W 风向风速曲线拟合结果

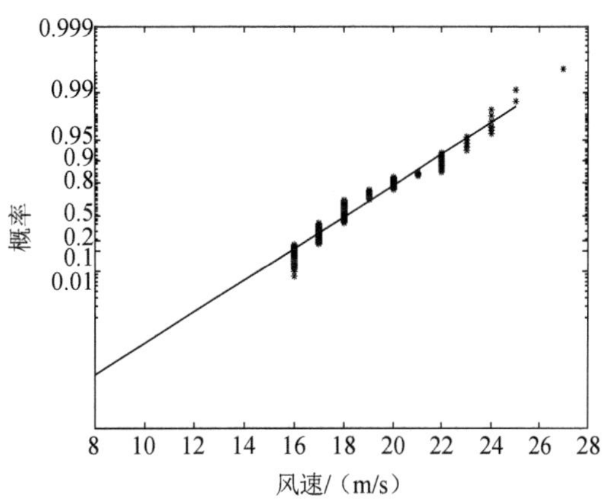

图 6-16　WNW 风向风速曲线拟合结果

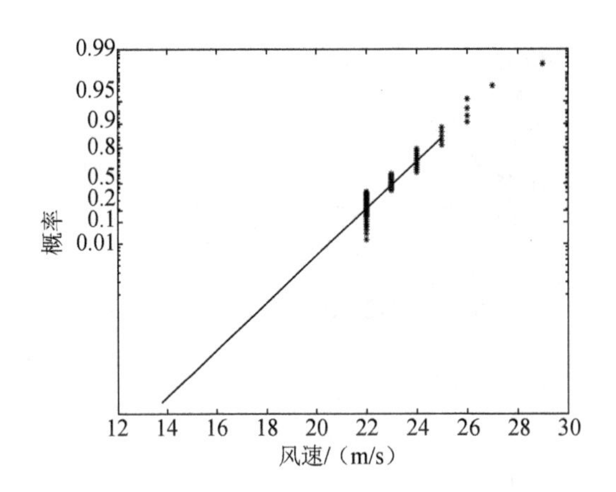

图 6-17　NW 风向风速曲线拟合结果

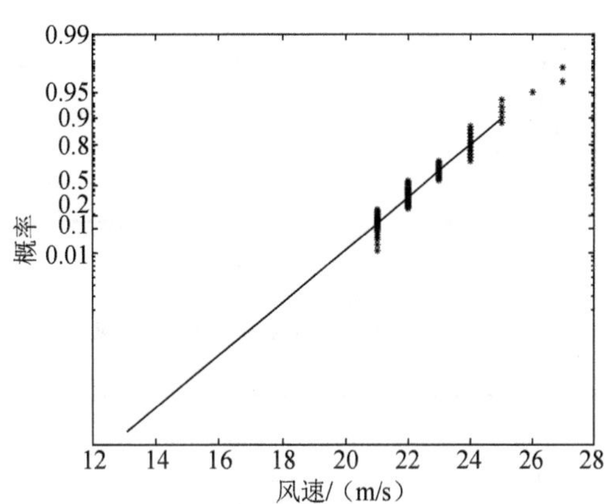

图 6-18　NNW 风向风速曲线拟合结果

把 16 个方向海上大风年最大值计算序列输入 Gumbel 分布模型，进行曲线拟合，图 6-19～图 6-34 是 Gumbel 分布模型不同风向风速曲线拟合结果，从拟合结果可以看出，计算序列基本符合模型要求。

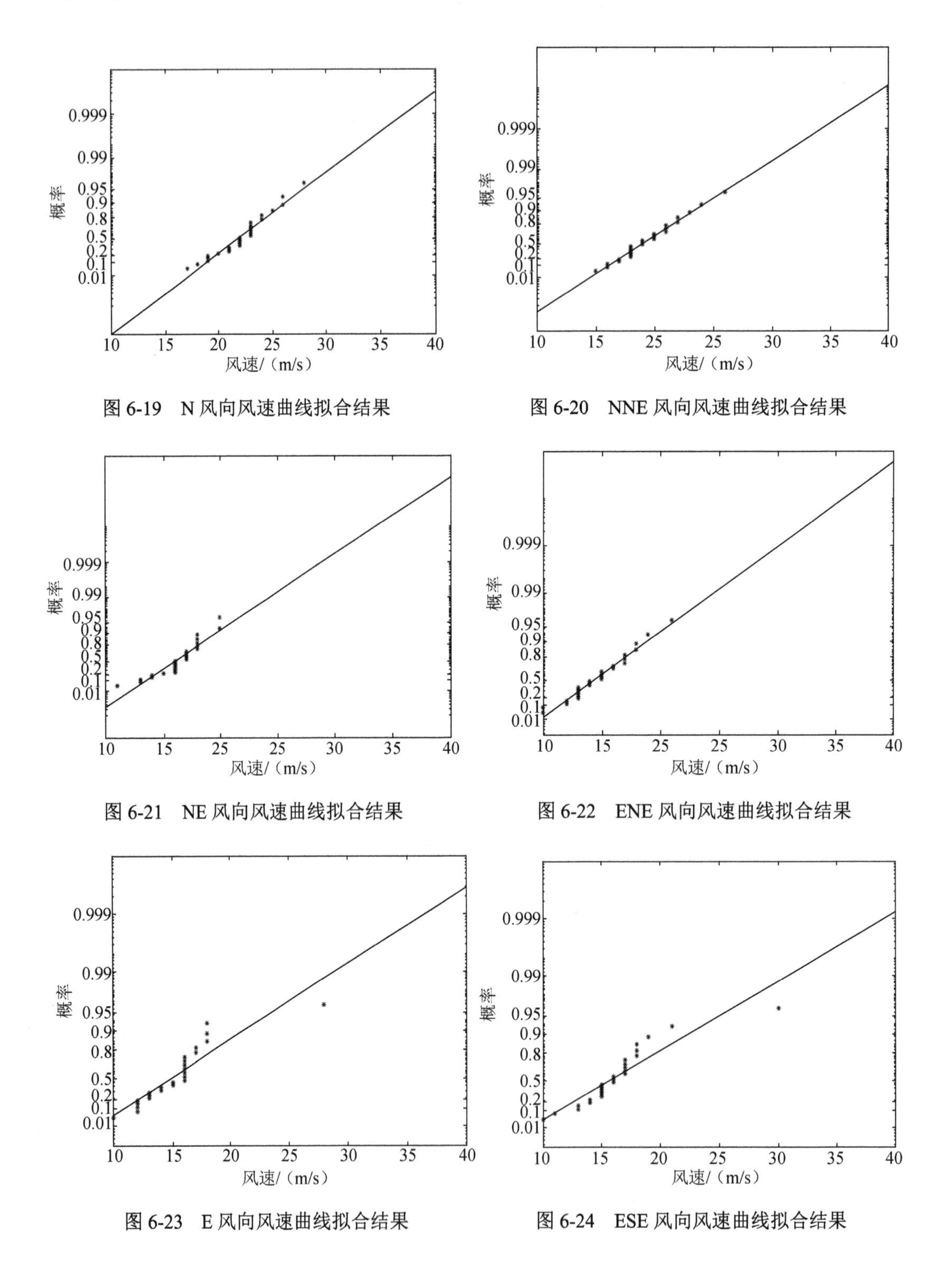

图 6-19　N 风向风速曲线拟合结果

图 6-20　NNE 风向风速曲线拟合结果

图 6-21　NE 风向风速曲线拟合结果

图 6-22　ENE 风向风速曲线拟合结果

图 6-23　E 风向风速曲线拟合结果

图 6-24　ESE 风向风速曲线拟合结果

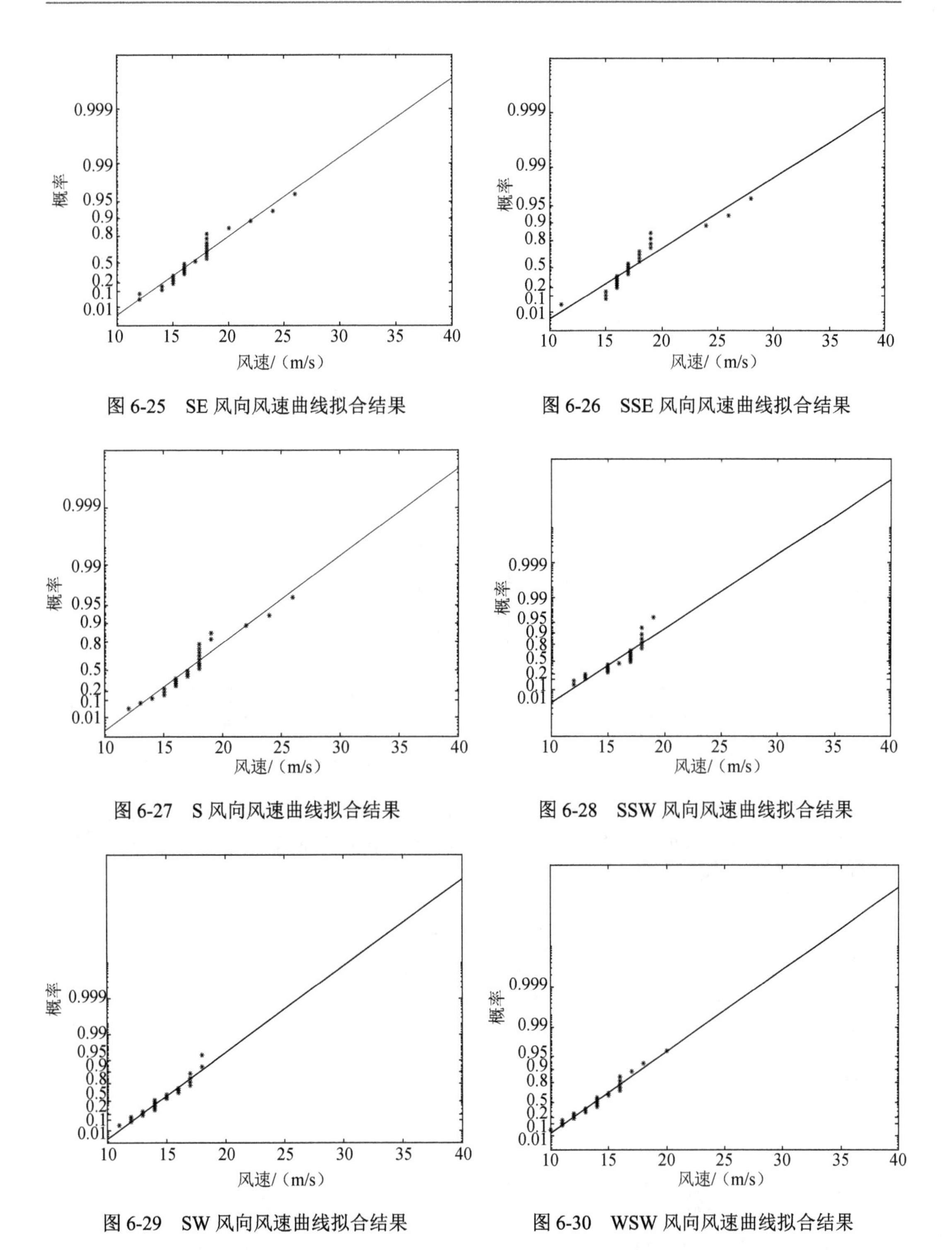

图 6-25　SE 风向风速曲线拟合结果

图 6-26　SSE 风向风速曲线拟合结果

图 6-27　S 风向风速曲线拟合结果

图 6-28　SSW 风向风速曲线拟合结果

图 6-29　SW 风向风速曲线拟合结果

图 6-30　WSW 风向风速曲线拟合结果

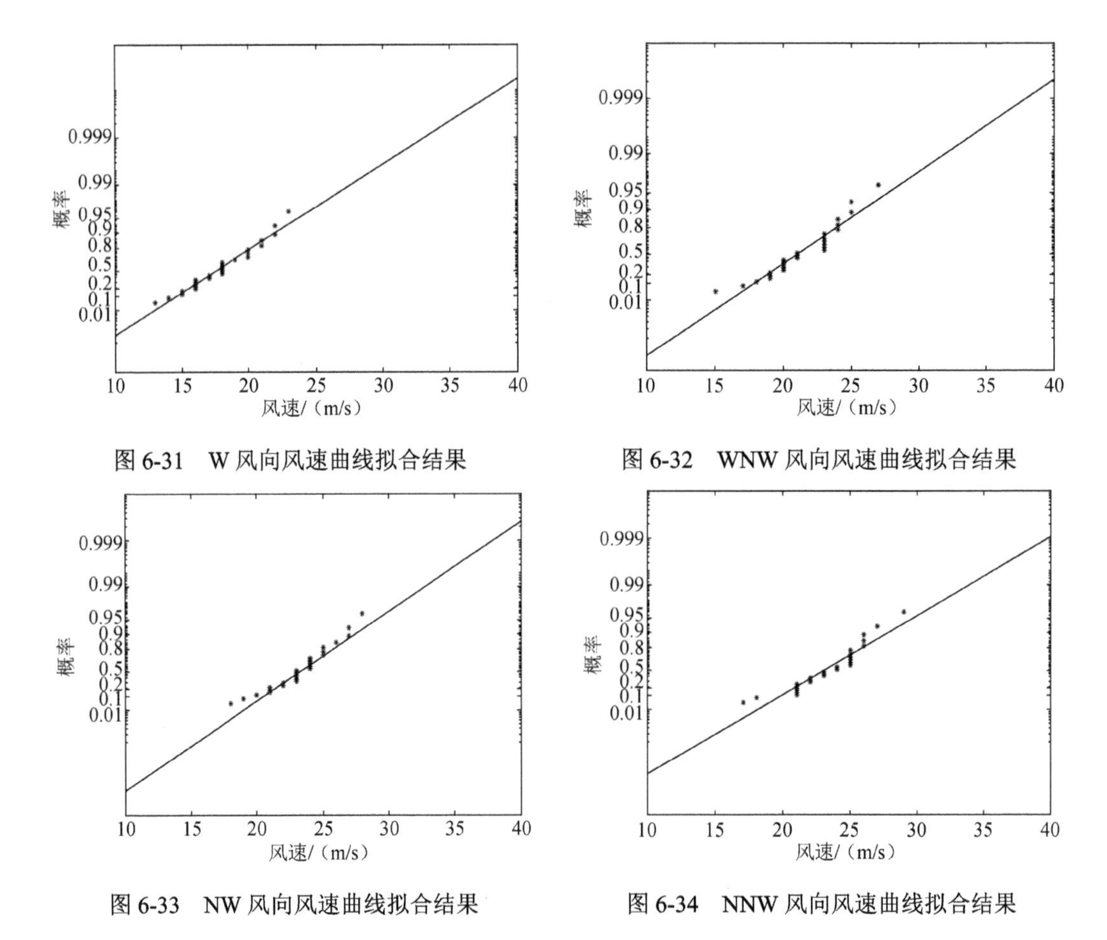

图 6-31　W 风向风速曲线拟合结果

图 6-32　WNW 风向风速曲线拟合结果

图 6-33　NW 风向风速曲线拟合结果

图 6-34　NNW 风向风速曲线拟合结果

把 12 个月的海上大风最大值计算序列输入 Gumbel 分布模型，进行曲线拟合，图 6-35～图 6-46 是 Gumbel 分布模型不同月份风速曲线拟合结果，从拟合结果可以看出，计算序列基本符合模型要求。

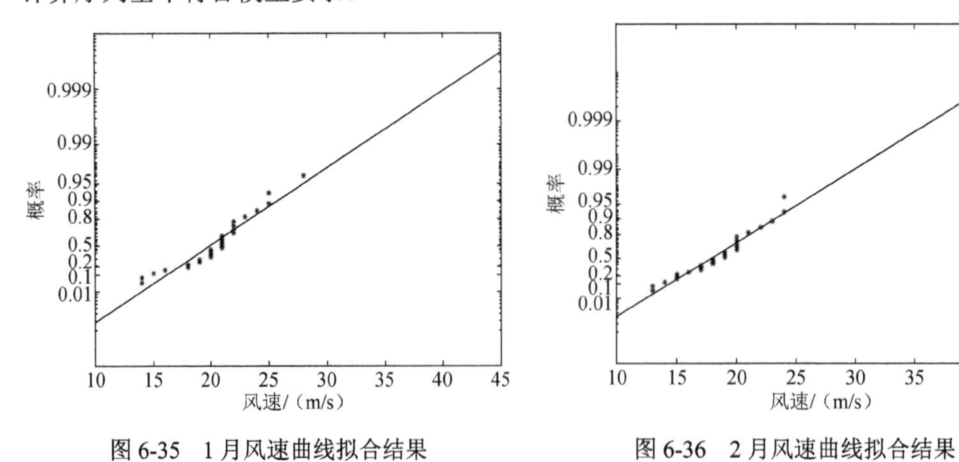

图 6-35　1 月风速曲线拟合结果

图 6-36　2 月风速曲线拟合结果

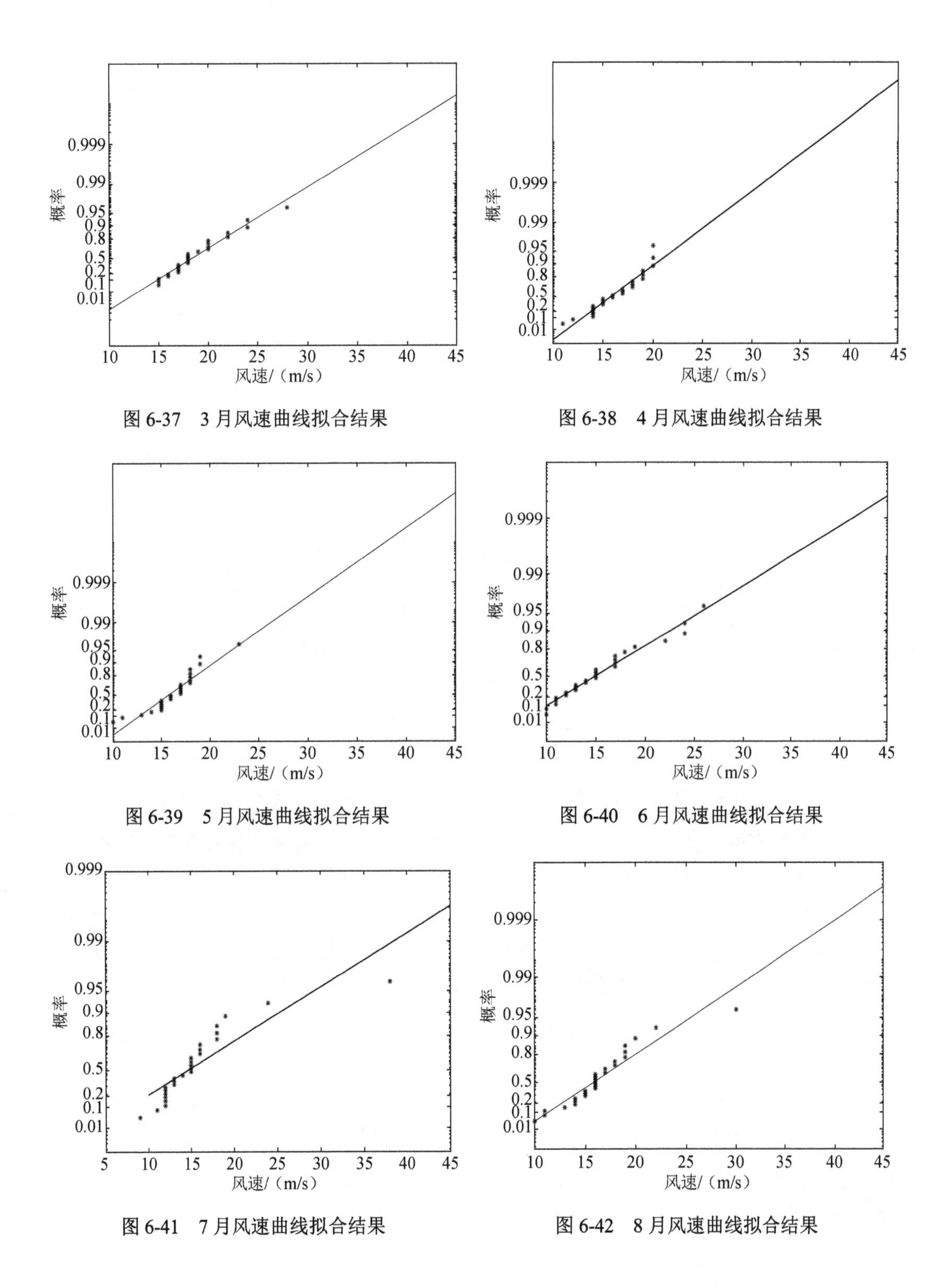

图 6-37　3 月风速曲线拟合结果

图 6-38　4 月风速曲线拟合结果

图 6-39　5 月风速曲线拟合结果

图 6-40　6 月风速曲线拟合结果

图 6-41　7 月风速曲线拟合结果

图 6-42　8 月风速曲线拟合结果

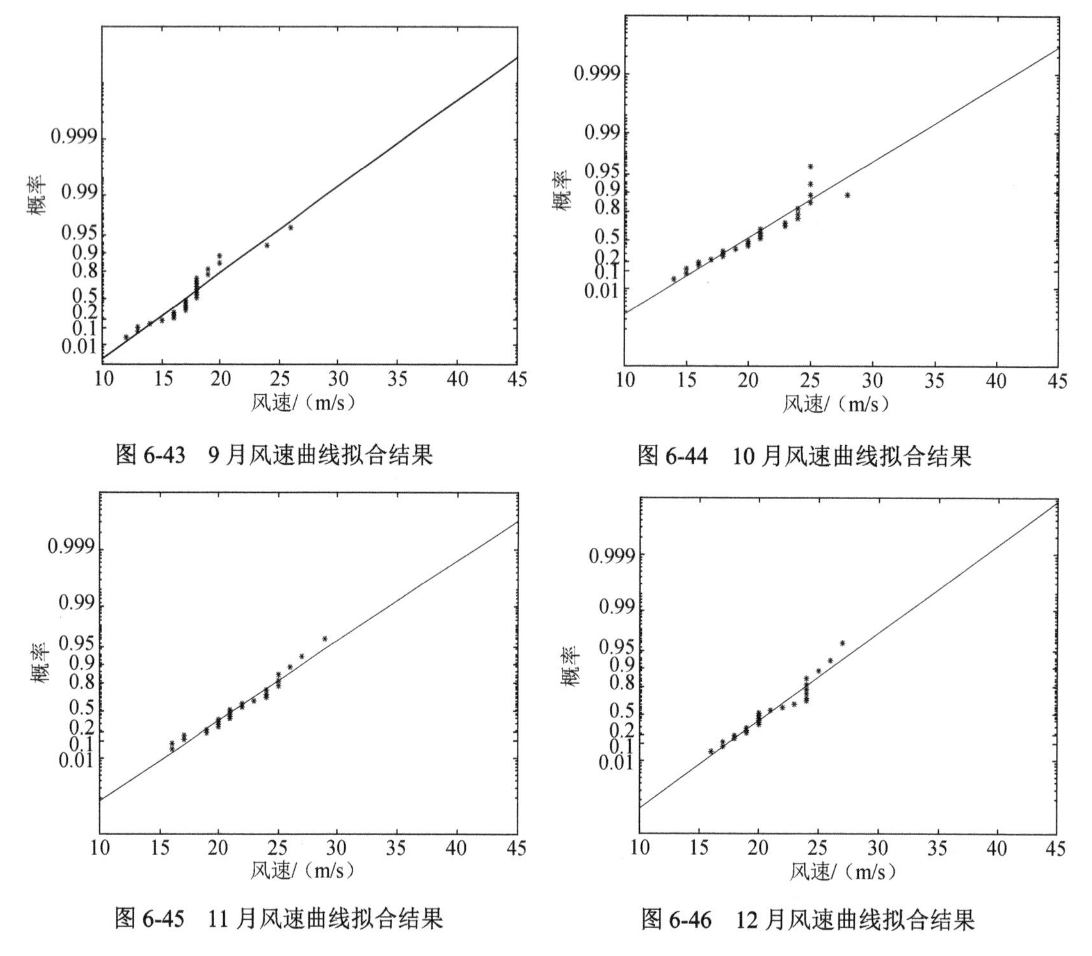

图 6-43　9 月风速曲线拟合结果

图 6-44　10 月风速曲线拟合结果

图 6-45　11 月风速曲线拟合结果

图 6-46　12 月风速曲线拟合结果

P-G 分布模型在显著水平 $\alpha = 0.05$，对不同方向的过程计算序列样本容量 n 进行 K-S 检验，查表得到 K-S 检验的临界值 $D_n(0.05)$。其中不同方向的过程计算序列样本容量中，$\hat{D}_n$ 的最大值为 0.1285，$D_n(0.05)$=0.13。因此，$\hat{D}_n < D_n(0.05)$，P-G 分布模型可以接受。

Gumbel 分布模型在显著水平 $\alpha = 0.05$，对不同方向的年最大值计算序列样本容量 n 进行 K-S 检验，查表得到 K-S 检验的临界值 $D_n(0.05)$。其中不同方向的年最大值计算序列样本容量中，$\hat{D}_n$ 的最大值为 0.158 1，$D_n(0.05)$=0.27。因此，$\hat{D}_n < D_n(0.05)$，Gumbel 分布模型可以接受。

Gumbel 分布模型在显著水平 $\alpha = 0.05$，对 12 个月份最大值计算序列样本容量 n 进行 K-S 检验，查表得到 K-S 检验的临界值 $D_n(0.05)$。其中不同月份的最大值计算序列样本容量中，$\hat{D}_n$ 的最大值为 0.132 9，$D_n(0.05)$=0.27。因此，$\hat{D}_n < D_n(0.05)$，Gumbel 分布模型可以接受。

4. 测度结果

以上曲线拟合和模型 K-S 检验通过条件下，把 16 个风向的致灾因子过程计算序列输入 P-G 模型进行计算；把 16 个风向的致灾因子年最大值计算序列和 12 个月份的最大值计算序列输入 Gumbel 分布模型进行计算。表 6-4 是 Gumbel 分布模型 16 个风向年极值风速计算结果，表 6-5 是 P-G 分布模型 16 个风向年极值风速计算结果，表 6-6 是 Gumbel 分布模型 12 个月份极值风速计算结果。

表 6-4　Gumbel 分布模型 16 个风向年极值风速计算结果　　单位：m/s

风向	重现期风力							
	5 年一遇	10 年一遇	20 年一遇	50 年一遇	100 年一遇	200 年一遇	500 年一遇	1000 年一遇
N	24.442 5	26.217 0	27.919 2	30.122 4	31.773 5	33.418 5	35.588 8	37.229 0
NNE	21.650 0	23.406 5	25.091 3	27.272 1	28.906 4	30.534 6	32.682 8	34.306 4
NE	18.197 7	19.692 8	21.127 0	22.983 5	24.374 6	25.760 7	27.589 3	28.971 4
ENE	17.069 9	18.883 4	20.623 1	22.874 8	24.562 2	26.243 4	28.461 5	30.137 9
E	18.549 2	21.032 7	23.414 8	26.498 3	28.808 9	31.111 1	34.148 5	36.444 0
ESE	19.700 4	22.390 6	24.971 0	28.311 1	30.814 1	33.307 9	36.598 0	39.084 6
SE	19.999 9	22.236 3	24.381 6	27.158 4	29.239 2	31.312 4	34.047 6	36.114 9
SSE	21.057 3	23.576 9	25.993 7	29.122 0	31.466 3	33.802 0	36.883 5	39.212 4
S	20.168 5	22.297 1	24.338 9	26.981 9	28.962 4	30.935 6	33.539 0	35.506 6
SSW	17.924 5	19.446 4	20.906 2	22.795 9	24.211 9	25.622 7	27.484 1	28.890 8
SW	16.405 7	17.764 1	19.067 0	20.753 5	22.017 3	23.276 4	24.937 7	26.193 2
WSW	16.203 5	17.822 5	19.375 5	21.385 7	22.892 0	24.392 9	26.373 0	27.869 5
W	20.256 9	22.041 4	23.750 5	25.962 7	27.620 5	29.272 3	31.451 4	33.098 4
WNW	23.932 3	25.877 8	27.743 9	30.159 5	31.969 6	33.773 1	36.152 5	37.950 7
NW	25.837 9	27.769 8	29.623 0	32.021 7	33.819 2	35.610 2	37.973 0	39.758 8
NNW	25.429 8	27.105 0	28.711 9	30.791 8	32.350 4	33.903 4	35.952 1	37.500 6
不分风向	28.613 6	31.355 6	33.985 9	37.390 5	39.941 8	42.483 7	45.837 4	48.372 0

表 6-5　P-G 分布模型 16 个风向年极值风速计算结果　　单位：m/s

风向	重现期风力					
	20 年一遇	50 年一遇	100 年一遇	200 年一遇	500 年一遇	1000 年一遇
N	27.219 4	28.834 8	30.045 3	31.251 4	32.842 7	34.045 3
NNE	24.411 0	25.956 8	27.115 2	28.269 4	29.792 1	30.942 8
NE	19.482 6	20.682 7	21.581 9	22.477 9	23.660 0	24.553 4
ENE	19.018 0	20.377 2	21.395 7	22.410 5	23.749 3	24.761 1
E	21.935 8	24.016 3	25.575 4	27.128 8	29.178 2	30.727 1
ESE	22.890 2	25.059 1	26.684 4	28.303 7	30.440 1	32.054 8
SE	23.768 5	25.790 6	27.306 0	28.815 8	30.807 6	32.313 1
SSE	23.323 4	25.067 9	26.375 2	27.677 7	29.396 1	30.694 7

续表

风向	重现期风力					
	20 年一遇	50 年一遇	100 年一遇	200 年一遇	500 年一遇	1000 年一遇
S	22.611 7	24.209 1	25.406 1	26.598 8	28.172 3	29.361 5
SSW	19.343 0	20.392 6	21.179 2	21.962 9	22.996 9	23.778 3
SW	17.795 4	18.795 5	19.544 9	20.291 5	21.276 6	22.021 1
WSW	16.226 4	17.247 3	18.012 3	18.774 5	19.780 0	20.540 1
W	22.893 7	24.805 3	26.237 8	27.665 0	29.547 9	30.971 1
WNW	26.819 8	28.538 0	29.825 6	31.108 4	32.800 9	34.080 0
NW	27.754 7	29.011 2	29.952 7	30.890 9	32.128 5	33.063 9
NNW	27.484 5	28.746 7	29.692 5	30.634 9	31.878 1	32.817 8
不分风向	31.720 3	33.723 9	35.225 3	36.721 3	38.694 9	40.186 6

表 6-6　Gumbel 分布模型 12 个月份极值风速计算结果　单位：m/s

月份	重现期风力							
	5 年一遇	10 年一遇	20 年一遇	50 年一遇	100 年一遇	200 年一遇	500 年一遇	1000 年一遇
1	23.433 7	25.767 9	28.006 9	30.905 1	33.076 9	35.240 7	38.095 6	40.253 1
2	21.108 5	23.250 2	25.304 6	27.963 8	29.956 5	31.941 9	34.561 3	36.541 0
3	21.571 6	23.714 5	25.770 1	28.430 8	30.424 6	32.411 2	35.032 1	37.012 9
4	18.468 9	20.234 1	21.927 2	24.118 8	25.761 1	27.397 5	29.556 3	31.187 8
5	18.647 4	20.521 2	22.318 5	24.645 0	26.388 3	28.125 3	30.416 9	32.148 9
6	19.483 1	22.511 8	25.416 9	29.177 3	31.995 2	34.802 8	38.506 9	41.306 3
7	20.931 3	25.142 4	29.181 8	34.410 4	38.328 5	42.232 2	47.382 5	51.275 0
8	20.018 1	22.805 4	25.479 1	28.939 9	31.533 2	34.117 1	37.526 1	40.102 6
9	20.206 8	22.335 3	24.377 0	27.019 8	29.000 2	30.973 3	33.576 6	35.544 0
10	23.520 6	26.011 6	28.401 1	31.494 0	33.811 8	36.121 0	39.167 7	41.470 2
11	24.684 4	27.004 2	29.229 4	32.109 8	34.268 2	36.418 8	39.256 0	41.400 3
12	23.893 5	25.987 9	27.996 8	30.597 2	32.545 8	34.487 4	37.048 8	38.984 7
全年	28.560 9	31.171 3	33.676 0	36.918 1	39.347 6	42.768 2	45.837 4	48.372 0

6.2.3　测度结果分析

1．Gumbel 分布模型和 P-G 分布模型计算结果比较分析

图 6-47～图 6-49 是 Gumbel 分布模型和 P-G 分布模型在重现期为 20 年、50 年、100 年、200 年、500 年、1000 年条件下的计算结果比较图。从图中可以看出，不同重现期条件下，两个模型的预测结果基本一致，重现期越小，两个模型的计算结果越接近；重现期越大，Gumbel 分布模型的计算结果要稍大于 P-G 分布模型的计算结果，选取不同重现期下 16 个方向上的最大值作比较，Gumbel 分布模型的计算结果比 P-G 分布模型的计算结果偏大的百分比分别是 6.13%、9.40%、11.16%、12.24%、13.51%和 14.28%。因此，以 Gumbel

分布模型的计算结果防范海洋灾害对近海海洋资源开发活动的影响应该更加安全可靠。

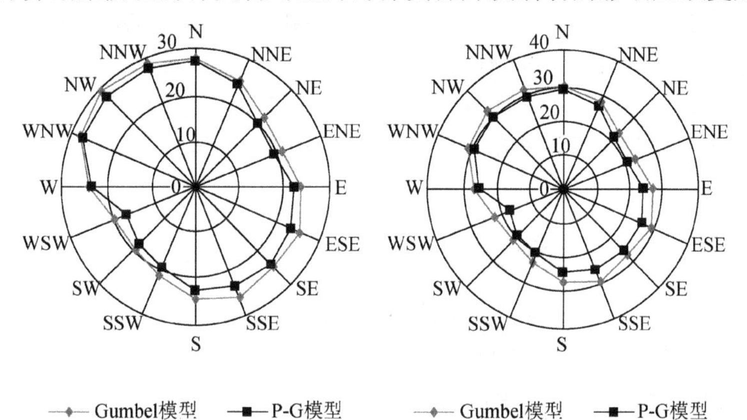

图 6-47　两模型 20 年（左）和 50 年（右）重现期计算结果比较

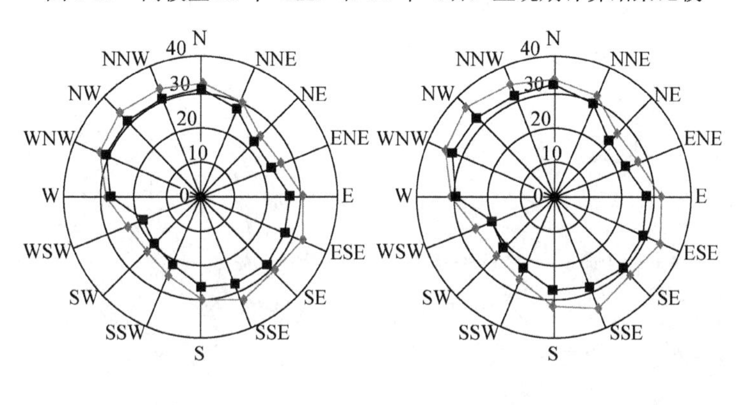

图 6-48　两模型 100 年（左）和 200 年（右）重现期计算结果比较

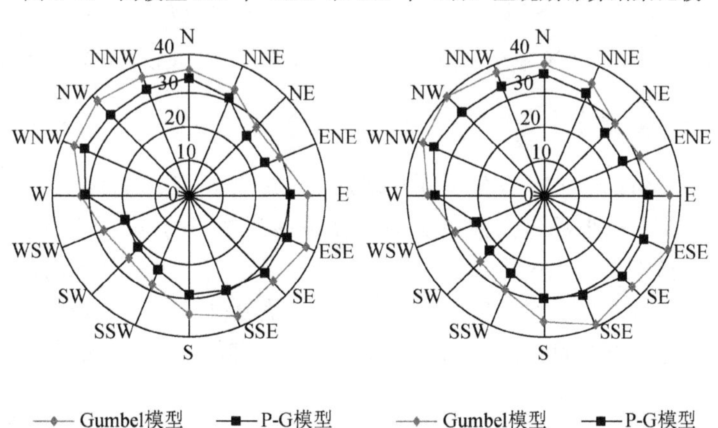

图 6-49　两模型 500 年（左）和 1000 年（右）重现期计算结果比较

以上 3 个图中，东南—西北方向上 NNW、NW、WNW、SSE、SE、ESE 6 个风向的计算结果要明显大于西南—东北方向上 NNE、NE、ENE、SSW、SW、WSW 6 个风向的计算结果。这表明山东半岛受季风气候的影响，东南—西北方向的大风是影响近海海洋资源开发的强风方向，尤其是 NW 和 NNW 方向的大风更是应该重点防范。从国家海洋局历年海洋灾害公报可以看出，导致我国近海经济损失和人员伤亡的海上大风灾害大多是这个方向。

2. 方向对预测结果的影响分析

图 6-50 和图 6-51 是 Gumbel 分布模型在重现期为 20 年、50 年、100 年、200 年条件下的计算结果比较图。从图中可以看出，考虑风向后形成计算序列所计算出的结果要明显小于不考虑风向影响所得到的计算结果。Gumbel 分布模型计算结果，考虑风向和不考虑风向相比较，考虑风向的计算结果在 20～1000 年 6 个重现期条件下要分别偏小 12.84%、14.36%、15.33%、16.18%、17.16%和 17.81%。因此，在近海海洋资源开发过程中，按照不考虑风向的计算结果防范海上大风会更加可靠。

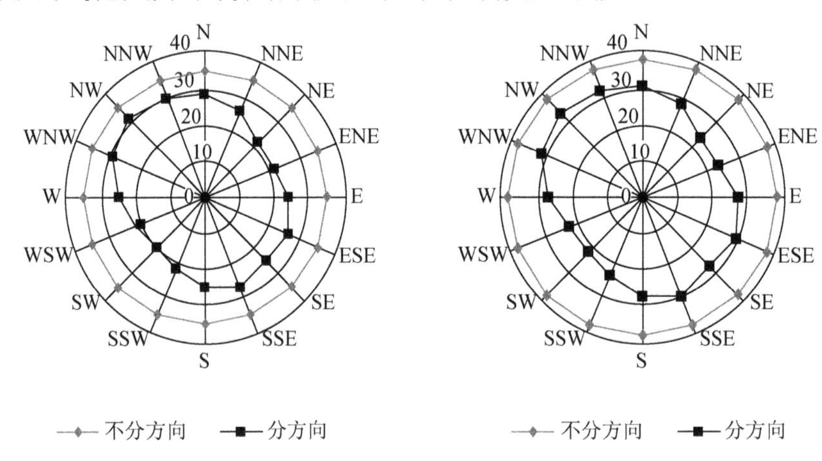

图 6-50　分方向与不分方向 20 年（左）和 50 年（右）重现期计算结果比较

3. 不同月份预测结果分析

图 6-52 是 Gumbel 分布模型在不同重现期下，对全年 12 个月海上大风的计算结果。从图中可以看出，山东半岛近海海上大风主要发生在每年的 7～8 月和 11～12 月及来年 1 月；每年 4～6 月、9～10 月海上大风比较小。其中在 7 月，南黄海海域受到热带气旋的影响，海上大风风力较大；在 12 月和 1 月，受到强冷空气的影响，海上大风风力也比较大。在以上两个时间段从事海上作业和海洋资源开发活动要重点防范海上大风灾害。

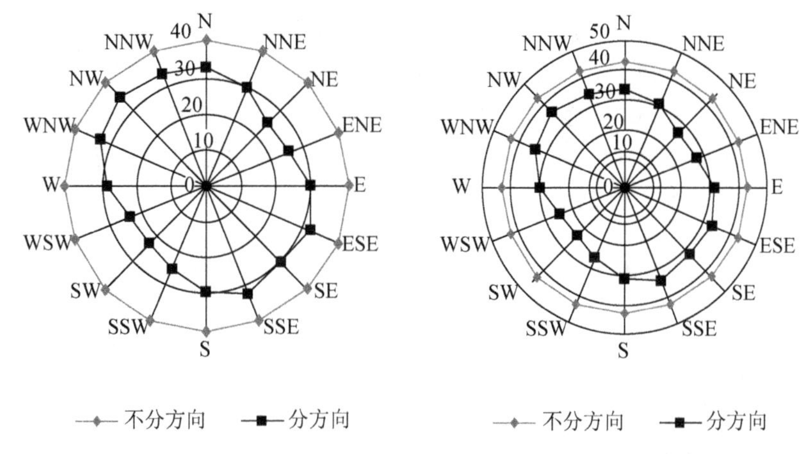

图 6-51　分方向与不分方向 100 年（左）和 200 年（右）重现期计算结果比较

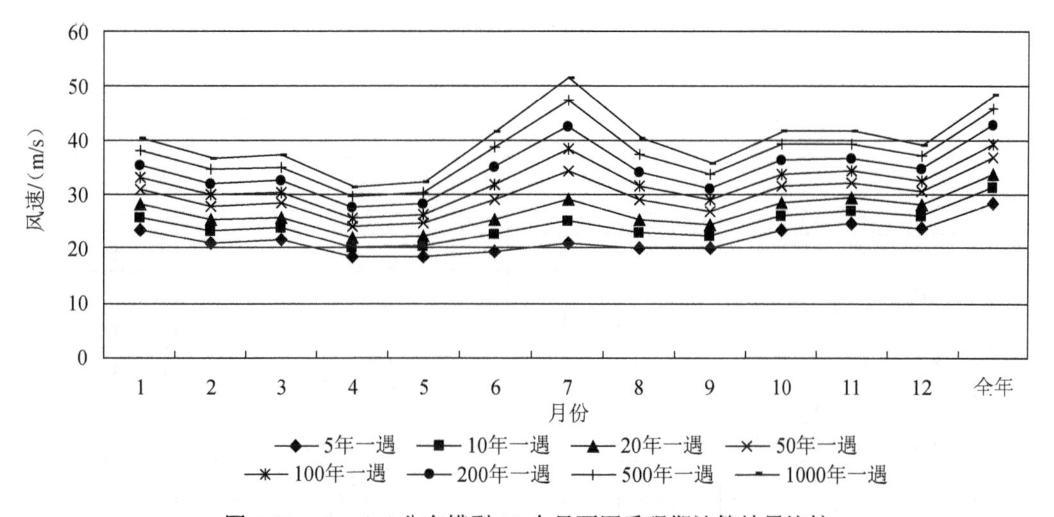

图 6-52　Gumbel 分布模型 12 个月不同重现期计算结果比较

6.3　灾害性海浪致灾因子测度

6.3.1　形成测度样本

在对原始数据做了剔除涌浪、近岸浪，只保留风浪一种海浪类型处理后，把资料按照年份分成 26 个年份数据，按照月份分成 12 个月份数据。然后按照风向玫瑰图的 N、NNE、NE、ENE、E、ESE、SE、SSE、S、SSW、SW、WSW、W、WNW、NW、NNW 分方向形成各个方向的年样本，并形成 12 个月份的月样本。考虑到相邻方向波浪之间的相互影响，一般来说某个方向的波浪波高很大，就会对该方向相邻方向的波浪起到加强作用[168]。把分方向的年样本和月样本中每个方向的数据向其左右 90° 范围内的各个相邻方向投影，最终得到投影后新的样本数据资料。

按照计算模型的要求，从新的样本数据中提取分方向的年最大值计算序列，月最大值计算序列，如表 6-7 和表 6-8 所示。不考虑波浪方向的年最大值计算序列是由表 6-7 中每年各个方向中的最大值形成的。

表 6-7　致灾因子分方向的年最大值计算序列　　单位：m/s

序号＼风向	N	NNE	NE	ENE	E	ESE	SE	SSE	S	SSW	SW	WSW	W	WNW	NW	NNW
1	4.8	2.9	3.1	3.3	3.0	2.0	4.1	4.2	2.5	3.3	2.3	2.4	4.8	3.8	4.9	6.9
2	3.8	4.4	3.6	3.6	3.0	5.4	3.5	3.9	3.0	3.4	3.4	4.3	2.5	3.8	4.6	5.2
3	5.6	4.3	3.3	1.4	2.8	2.7	3.0	3.7	3.7	3.5	4.0	3.6	1.9	4.9	4.9	6.8
4	6.0	5.1	4.7	4.4	1.5	1.6	2.3	2.5	2.8	3.2	3.3	3.2	6.4	4.9	4.2	6.0
5	4.5	3.9	4.3	3.2	3.6	3.6	2.9	1.0	3.6	2.9	2.3	1.0	5.5	6.5	7.2	5.6
6	7.4	5.2	3.8	3.9	3.7	2.4	2.5	3.6	3.6	3.0	2.8	2.2	6.4	8.0	7.0	8.9
7	6.4	4.3	6.0	1.0	0.9	1.7	1.4	2.7	2.8	3.4	2.8	1.0	2.3	5.5	7.0	4.1
8	5.3	4.6	4.5	3.7	3.7	1.9	2.4	2.3	3.0	2.0	3.3	1.0	1.7	3.6	4.7	5.6
9	6.4	4.9	2.8	4.4	2.1	3.3	3.0	3.3	3.4	3.4	3.8	2.9	3.8	2.7	4.6	4.0
10	8.6	3.9	5.6	4.3	2.4	4.5	2.8	3.5	3.3	3.3	2.0	2.8	2.5	3.0	8.6	6.4
11	4.0	3.4	3.2	2.5	2.3	3.4	3.9	3.6	3.3	2.4	2.5	2.6	3.2	2.0	8.5	8.2
12	6.0	4.3	3.0	4.5	3.0	3.1	3.0	3.0	4.2	4.2	2.5	2.5	1.9	3.8	6.2	4.2
13	3.8	4.9	3.2	4.0	1.9	2.0	2.3	2.6	3.0	2.5	3.2	1.9	5.8	6.8	6.4	5.8
14	6.6	5.1	3.5	0.8	3.4	1.4	3.0	3.5	6.5	6.2	3.0	2.7	1.5	4.0	3.7	4.2
15	6.4	5.6	2.1	2.3	3.5	2.7	3.9	3.7	3.4	2.2	3.2	3.1	3.1	8.2	8.1	6.3
16	9.4	4.5	6.2	1.7	3.2	3.2	4.2	10.5	4.0	3.6	3.4	1.6	1.7	3.2	8.8	8.0
17	6.5	3.4	1.7	3.3	1.0	1.7	2.3	5.2	3.2	3.3	4.2	1.7	2.6	3.0	6.8	8.4
18	6.5	7.1	8.0	6.2	2.7	1.0	5.6	3.0	3.1	3.0	2.0	3.1	1.1	3.9	7.6	7.4
19	6.5	5.0	5.5	1.8	2.5	2.8	2.2	1.9	2.9	3.7	5.8	3.2	1.9	8.0	6.4	5.0
20	5.4	3.0	3.4	2.3	1.6	3.2	3.4	3.4	5.6	2.0	6.0	4.2	2.8	5.8	7.6	7.6
21	2.8	3.0	3.4	1.8	2.2	1.7	2.8	2.3	3.2	2.7	2.7	1.9	1.0	1.5	3.8	8.6
22	3.4	2.5	1.7	1.7	1.6	4.0	3.2	6.5	5.8	3.0	3.2	2.5	1.9	4.8	6.2	3.2
23	3.7	1.0	3.4	1.5	1.6	4.0	2.1	2.4	3.8	2.0	3.3	1.4	1.7	3.6	5.4	4.0
24	6.8	2.7	2.5	3.5	2.2	1.3	6.5	1.9	3.0	2.3	2.4	1.2	1.9	2.4	4.0	6.0
25	3.2	2.4	2.5	1.1	2.2	1.8	1.9	2.4	2.7	2.4	1.9	1.6	1.6	3.4	5.8	3.6
26	3.0	1.6	1.9	2.6	1.9	2.0	2.2	1.9	1.9	1.8	1.9	1.8	0.7	2.6	4.0	3.6

表 6-8　致灾因子月最大值计算序列　　单位：m/s

序号＼月份	1 月	2 月	3 月	4 月	5 月	6 月	7 月	8 月	9 月	10 月	11 月	12 月
1	6.9	4.5	4.8	4.5	1.6	2.5	4.5	3.0	3.3	2.7	3.3	4.8
2	3.4	3.4	3.8	5.2	5.4	2.9	3.0	3.9	3.0	3.5	4.6	3.4
3	6.7	4.2	6.8	3.8	2.5	1.8	3.7	4.0	3.3	4.5	5.1	5.9
4	4.6	5.1	5.3	6.4	3.9	3.1	2.3	5.2	6.0	4.9	6.0	4.2
5	5.6	3.0	4.6	4.2	2.0	3.6	4.5	1.7	3.9	3.4	6.5	7.2
6	7.4	8.9	3.6	2.4	3.9	4.2	1.8	2.5	3.8	5.2	6.5	4.3
7	6.0	5.5	4.7	3.6	2.4	1.7	1.8	2.8	3.8	3.4	6.4	7
8	5.6	4.5	3.4	2.1	2.1	4.6	2.3	2.9	4.3	4.0	3.2	3.8
9	6.4	4.5	3.9	1.5	2.7	3.4	3.0	3.3	4.4	3.0	4.9	4.0
10	4.3	3.9	4.1	2.1	2.6	2.7	3.2	5.6	5.0	8.6	8.6	6.4
11	4.8	4.1	2.4	3.9	3.7	2.5	3.4	3.3	3.0	5.3	8.5	8.2
12	2.7	6.0	6.2	4.2	3.0	2.9	3.0	4.4	3.8	5.5	4.5	5.4
13	4.8	6.4	5.0	2.8	6.8	2.6	2.3	2.6	2.0	3.2	5.4	3.0
14	1.9	2.4	4.7	3.3	6.6	2.5	3.0	2.8	5.1	6.5	4.2	4.8
15	8.1	5.9	3.9	3.4	2.4	2.5	3.9	2.7	3.0	6.4	6.3	8.2
16	9.4	6.2	4.1	3.4	3.0	10.5	3.2	2.4	3.2	5.6	5.0	3.6
17	8.4	5.2	3.8	6.7	3.4	2.4	1.8	3.3	5.6	6	3.7	6.8
18	5.9	6.0	5.6	1.6	3.4	2.1	2.3	2.2	8.0	7.5	3.4	7.6
19	4.3	3.2	5.0	2.5	3.4	1.8	2.8	5.5	3.4	6.5	8.0	6.4
20	7.6	5.4	7.6	6.0	2.0	2.3	3.5	3.2	3.4	3.0	7.0	3.0
21	3.0	3.8	8.6	1.8	2.0	3.8	3.4	3.2	2.2	2.6	2.5	2.5
22	3.0	4.0	2.5	3.6	3.2	2.2	1.6	6.5	1.8	2.4	6.2	3.8
23	5.4	3.4	2.8	2.0	3.8	4.0	1.6	2.6	2.1	3.6	3.4	3.7
24	3.5	3.7	3.8	3.9	3.0	1.9	3.5	2.3	6.5	4.0	6.8	2.5
25	5.8	2.6	3.0	1.8	1.9	1.8	2.5	3.6	2.4	3.2	3.6	2.8
26	3.3	2.6	2.4	1.6	2.9	2.2	4.0	2.6	3.0	3.6	3.8	2.6

6.3.2　灾害性海浪致灾因子极值测度

1. 致灾因子曲线拟合与检验

把 16 个方向灾害性海浪波高年最大值计算序列输入 Gumbel 分布模型，进行曲线拟合，图 6-53～图 6-68 是 Gumbel 分布模型不同方向波高曲线拟合结果，从拟合结果可以看出，计算序列基本符合模型要求。

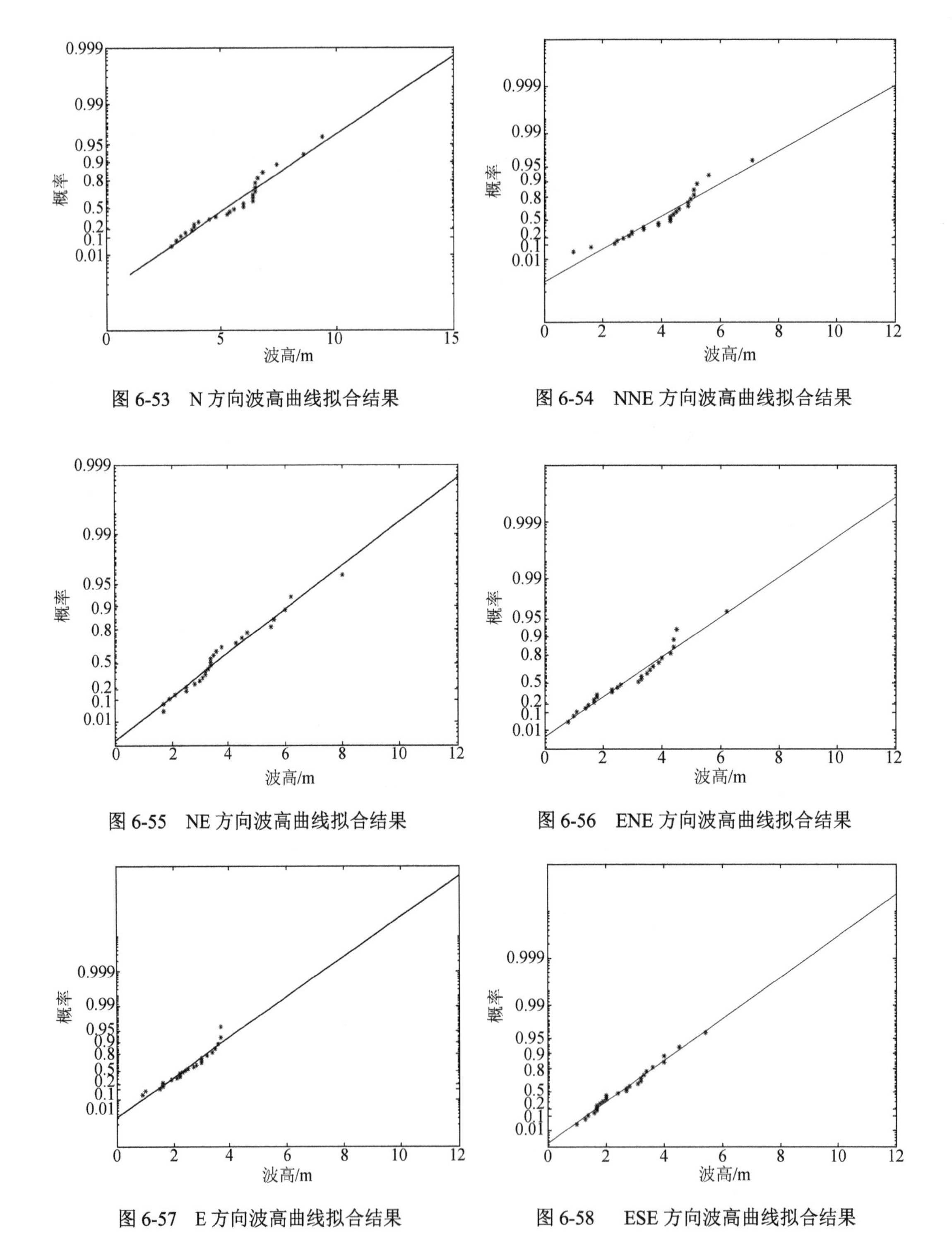

图 6-53　N 方向波高曲线拟合结果

图 6-54　NNE 方向波高曲线拟合结果

图 6-55　NE 方向波高曲线拟合结果

图 6-56　ENE 方向波高曲线拟合结果

图 6-57　E 方向波高曲线拟合结果

图 6-58　ESE 方向波高曲线拟合结果

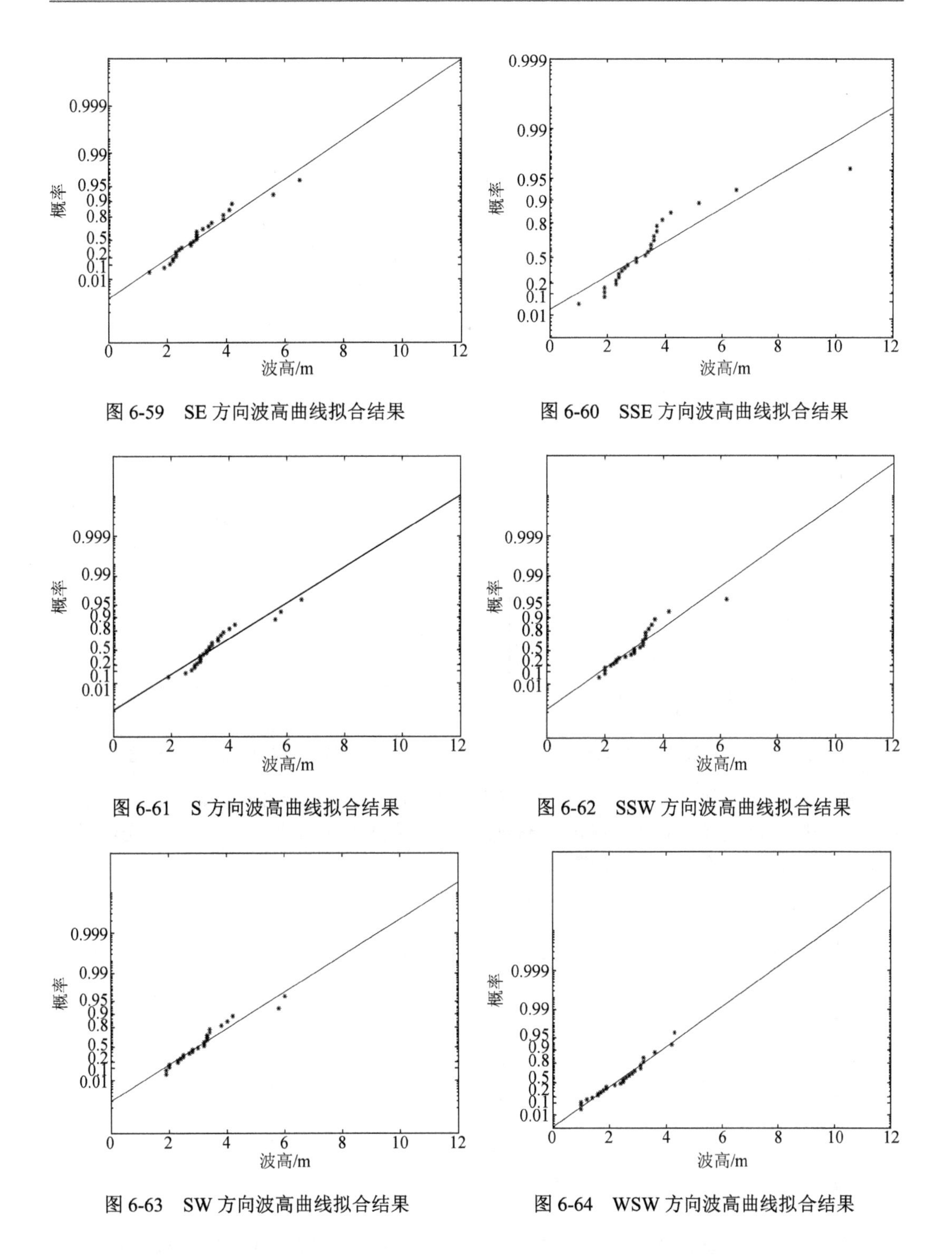

图 6-59　SE 方向波高曲线拟合结果

图 6-60　SSE 方向波高曲线拟合结果

图 6-61　S 方向波高曲线拟合结果

图 6-62　SSW 方向波高曲线拟合结果

图 6-63　SW 方向波高曲线拟合结果

图 6-64　WSW 方向波高曲线拟合结果

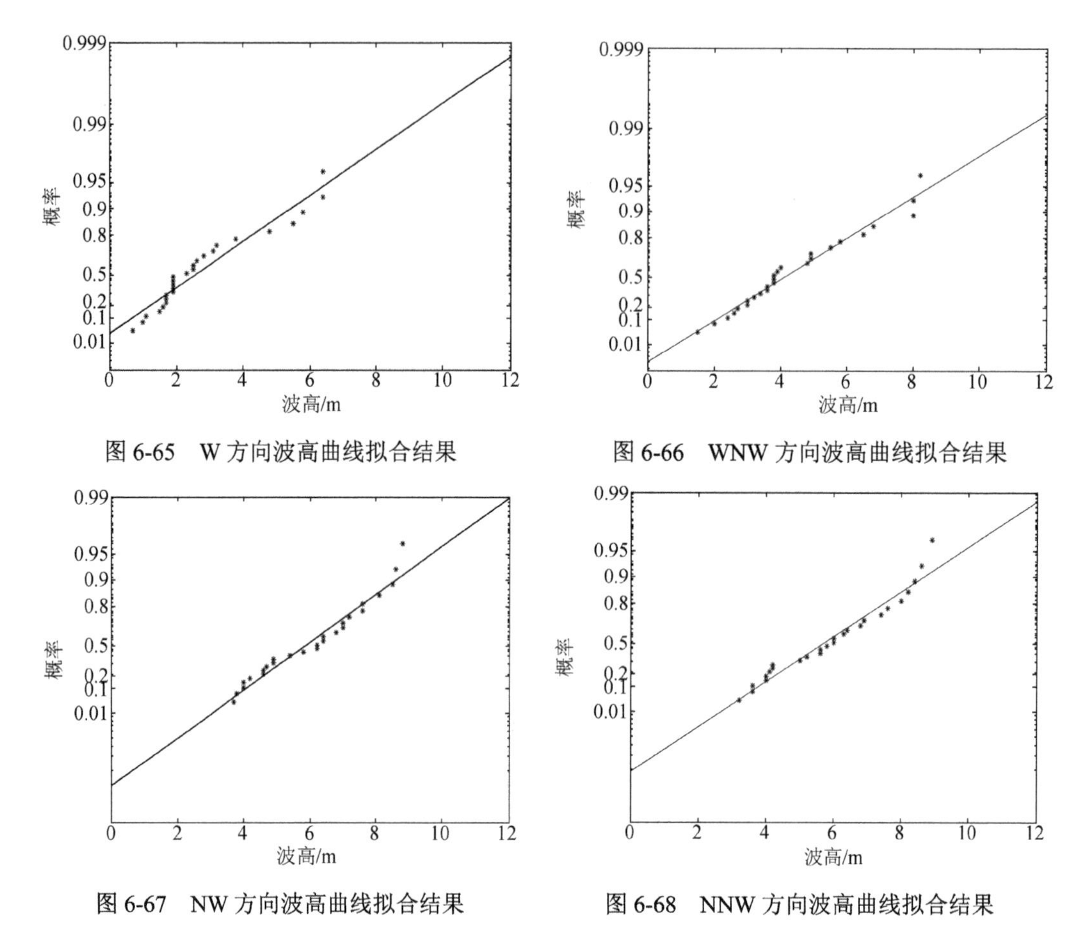

图 6-65　W 方向波高曲线拟合结果

图 6-66　WNW 方向波高曲线拟合结果

图 6-67　NW 方向波高曲线拟合结果

图 6-68　NNW 方向波高曲线拟合结果

把12个月的灾害性海浪波高最大值计算序列输入Gumbel分布模型，进行曲线拟合，图 6-69～图 6-80 是 Gumbel 分布模型不同月份最大值波高曲线拟合结果，从拟合结果可以看出，计算序列基本符合模型要求。

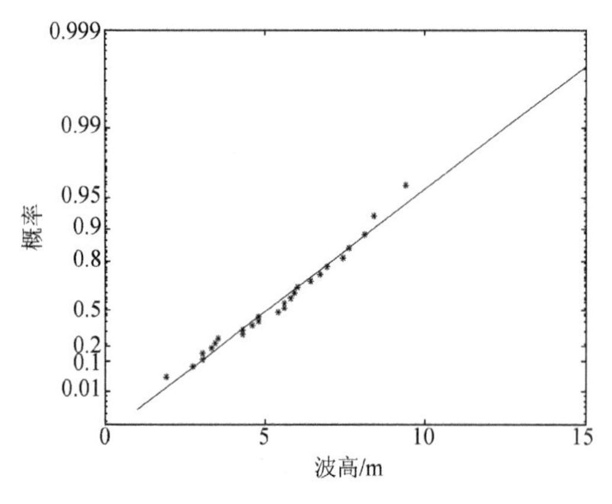

图 6-69　1 月最大值波高曲线拟合结果

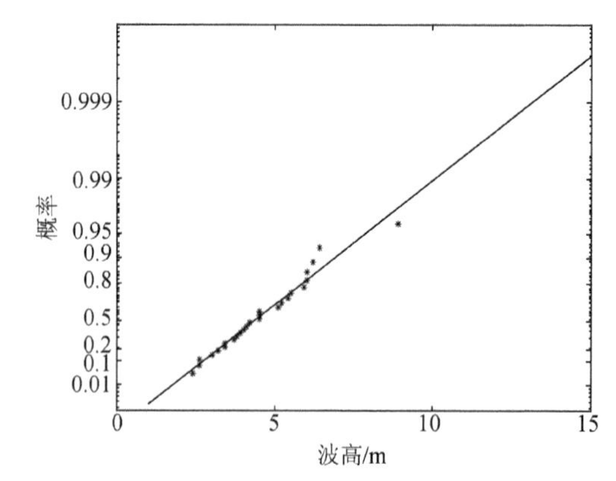

图 6-70　2 月最大值波高曲线拟合结果

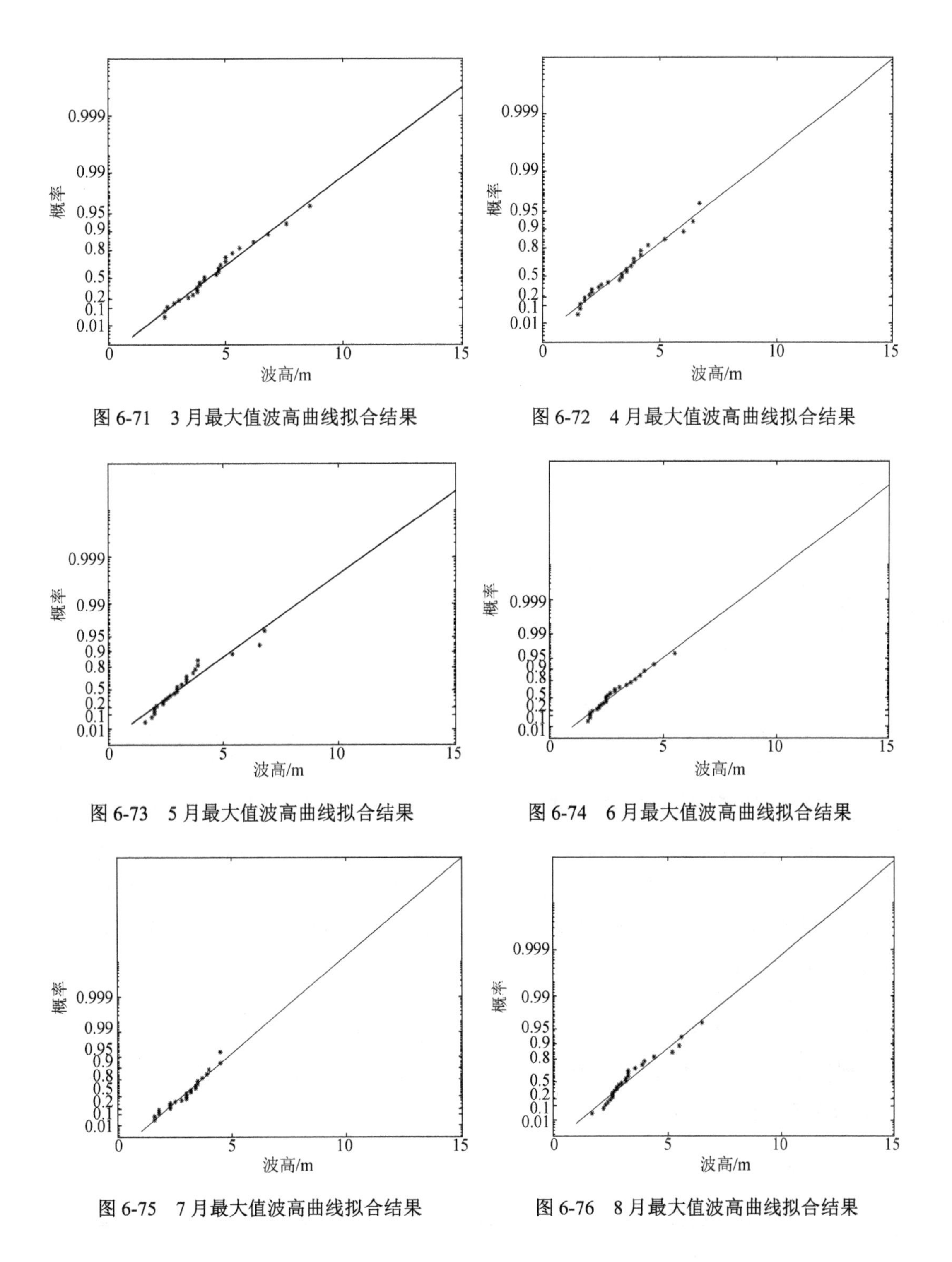

图 6-71　3 月最大值波高曲线拟合结果

图 6-72　4 月最大值波高曲线拟合结果

图 6-73　5 月最大值波高曲线拟合结果

图 6-74　6 月最大值波高曲线拟合结果

图 6-75　7 月最大值波高曲线拟合结果

图 6-76　8 月最大值波高曲线拟合结果

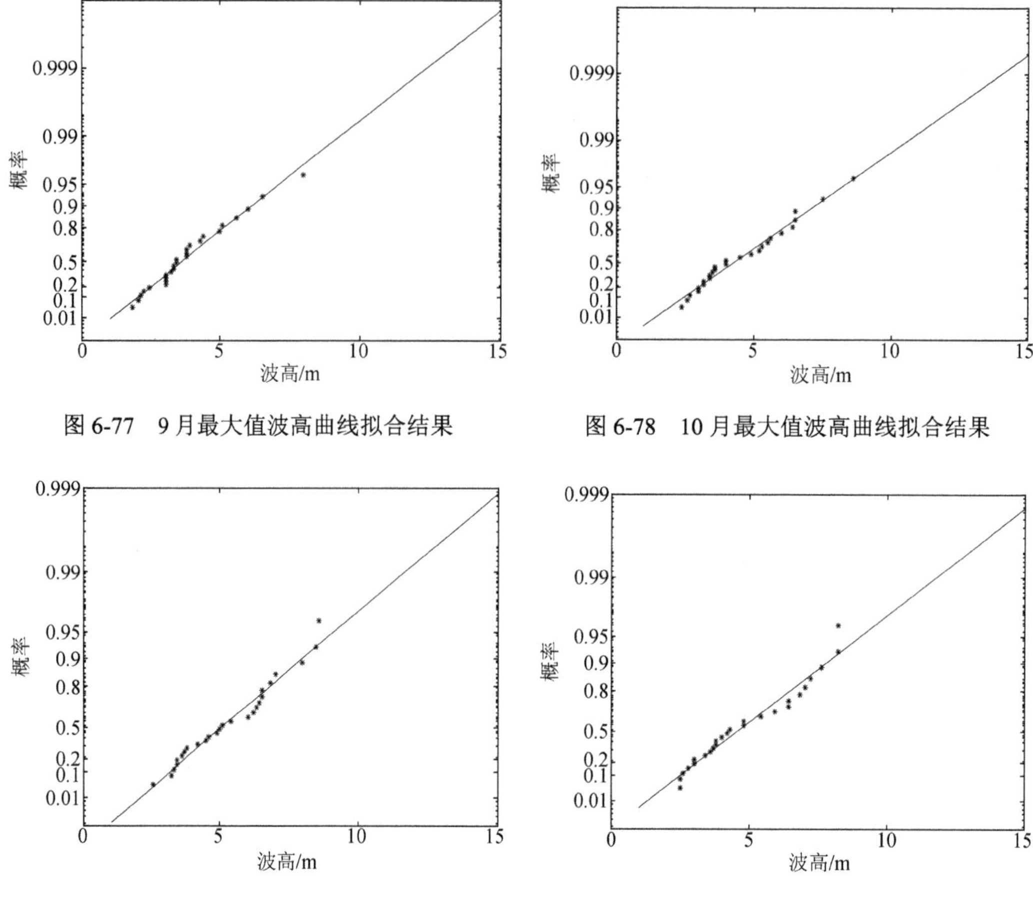

图 6-77　9 月最大值波高曲线拟合结果

图 6-78　10 月最大值波高曲线拟合结果

图 6-79　11 月最大值波高曲线拟合结果

图 6-80　12 个月最大值波高曲线拟合结果

Gumbel 分布模型在显著水平 $\alpha = 0.05$，对不同方向的波高年最大值计算序列样本容量 n 进行 K-S 检验，查表得到 K-S 检验的临界值 $D_n(0.05)$。其中不同方向的年最大值计算序列样本容量中，$\hat{D}_n$ 的最大值为 0.1429，$D_n(0.05)$=0.27。因此，$\hat{D}_n < D_n(0.05)$，Gumbel 分布模型可以接受。

Gumbel 分布模型在显著水平 $\alpha = 0.05$，对 12 个月份波高最大值计算序列样本容量 n 进行 K-S 检验，查表得到 K-S 检验的临界值 $D_n(0.05)$。其中不同月份的波高最大值计算序列样本容量中，$\hat{D}_n$ 的最大值为 0.1236，$D_n(0.05)$=0.27。因此，$\hat{D}_n < D_n(0.05)$，Gumbel 分布模型可以接受。

2. 测度结果

以上曲线拟合和模型 K-S 检验通过条件下，把 16 个风向的致灾因子年最大值计算序列和 12 个月的最大值计算序列分别输入 Gumbel 分布模型进行计算。表 6-9 是 Gumbel 分布模型 16 个风向年极值波高计算结果；表 6-10 是 Gumbel 分布模型 12 个月极值波高计算结果。

表 6-9 Gumbel 模型 16 个风向年极值波高计算结果 单位：m

风向	重现期波高							
	5 年一遇	10 年一遇	20 年一遇	50 年一遇	100 年一遇	200 年一遇	500 年一遇	1000年一遇
N	7.017 8	8.200 6	9.335 2	10.803 8	11.904 3	13.000 7	14.447 3	15.540 6
NNE	5.173 1	6.112 5	7.013 5	8.179 9	9.053 9	9.924 7	11.073 6	11.941 9
NE	5.066 4	6.105 0	7.101 2	8.390 7	9.357 0	10.319 7	11.589 9	12.549 9
ENE	4.072 8	4.999 9	5.889 3	7.040 5	7.903 2	8.762 7	9.896 7	10.753 7
E	3.173 5	3.740 4	4.284 1	4.988 0	5.515 5	6.041 0	6.734 3	7.258 3
ESE	3.584 8	4.324 5	5.034 1	5.952 5	6.640 7	7.326 5	8.231 1	8.914 9
SE	4.092 9	4.868 7	5.612 9	6.576 1	7.298 0	8.017 1	8.966 0	9.683 1
SSE	5.152 1	6.507 7	7.807 9	9.490 9	10.752 1	12.008 7	13.666 5	14.919 5
S	4.453 3	5.183 5	5.883 9	6.790 5	7.469 9	8.146 8	9.039 8	9.714 8
SSW	3.851 8	4.491 3	5.104 8	5.898 8	6.493 9	7.086 8	7.868 9	8.460 1
SW	4.049 7	4.768 1	5.457 3	6.349 3	7.017 7	7.683 8	8.562 4	9.226 5
WSW	3.186 2	3.825 5	4.438 8	5.232 6	5.827 5	6.420 2	7.202 2	7.793 1
W	4.270 9	5.429 2	6.540 2	7.978 4	9.056 1	10.129 9	11.546 5	12.617 2
WNW	6.021 3	7.299 3	8.525 1	10.111 8	11.300 9	12.485 6	14.048 5	15.229 8
NW	7.467 4	8.575 4	9.638 2	11.013 8	12.044 6	13.071 7	14.426 8	15.450 9
NNW	7.447 8	8.641 9	9.787 3	11.269 9	12.380 9	13.487 3	14.948 2	16.052 0
不分风向	8.352 2	9.308 2	10.225 3	11.412 2	12.601 7	13.787 9	14.357 2	15.240 8

表 6-10 Gumbel 分布模型 12 个月极值波高计算结果 单位：m

月份	重现期波高							
	5 年一遇	10 年一遇	20 年一遇	50 年一遇	100 年一遇	200 年一遇	500 年一遇	1000年一遇
1	7.033 6	8.347 8	9.608 5	11.240 3	12.463 1	13.681 5	15.288 9	16.503 7
2	5.858 6	6.870 3	7.840 7	9.096 7	10.038 0	10.975 8	12.213 1	13.148 2
3	5.827 3	6.874 3	7.878 6	9.178 6	10.152 7	11.123 3	12.403 8	13.371 6
4	4.706 9	5.723 1	6.697 9	7.959 6	8.905 2	9.847 2	11.090 1	12.029 5
5	4.402 5	5.322 9	6.205 8	7.348 6	8.205 0	9.058 2	10.183 9	11.034 7
6	3.669 9	4.323 4	4.950 3	5.761 8	6.369 9	6.975 8	7.775 1	8.379 2
7	4.796 4	6.174 3	7.495 9	9.206 7	10.488 7	11.766 1	12.198 8	13.259 5
8	4.432 9	5.242 8	6.019 5	7.025 0	7.778 5	8.529 2	9.519 6	10.268 2
9	5.1200	6.128 5	7.095 8	8.348 0	9.286 3	10.221 2	11.454 6	12.386 8
10	5.983 6	7.101 1	8.173 1	9.560 6	10.600 3	11.636 3	13.003 0	14.036 0
11	6.796 1	7.968 1	9.092 2	10.547 3	11.637 7	12.724 1	14.157 4	15.240 7
12	6.483 8	7.756 6	8.977 4	10.557 7	11.741 9	12.921 7	14.478 3	15.654 7
全年	8.352 2	9.308 2	10.225 3	11.412 2	12.601 7	13.787 9	14.357 2	15.240 8

6.3.3 测度结果分析

1. 方向对预测结果的影响分析

图 6-81 和图 6-82 是 Gumbel 分布模型在重现期为 20 年、50 年、100 年、200 年条件下的计算结果比较图。从图中可以看出，考虑方向后形成计算序列所计算出的结果要明显小于不考虑方向影响所得到的计算结果。Gumbel 分布模型最大波高计算结果，考虑方向和不考虑方向相比较，考虑方向的波高最大方向上的计算结果在 20～1000 年 6 个重现期条件下要分别偏小 3.84%、4.36%、5.33%、4.18%、5.16%和 4.81%。因此，在近海海洋资源开发过程中，按照不考虑方向的计算结果防范灾害性海浪会更加可靠。

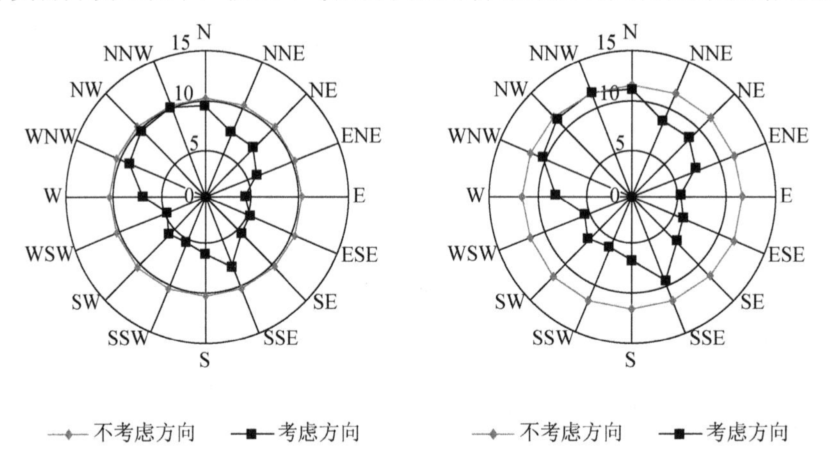

图 6-81　Gumbel 分布模型分方向与不分方向 20 年（左）和 50 年（右）重现期计算结果比较

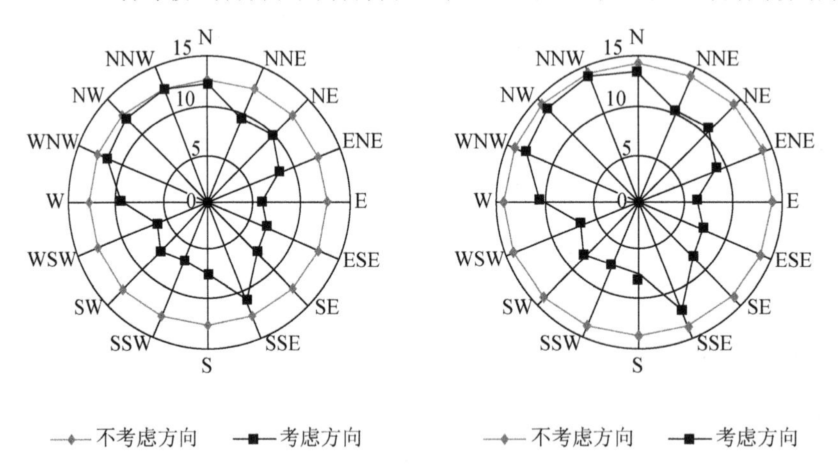

图 6-82　Gumbel 分布模型分方向与不分方向 100 年（左）和 200 年（右）重现期计算结果比较

图 6-81 和图 6-82 中，东南—西北方向上 NNW、NW、WNW、SSE、SE、ESE 6 个方向上波高的计算结果要明显大于西南—东北方向上 NNE、NE、ENE、SSW、SW、

WSW 6 个方向的波高计算结果。这表明山东半岛受温带季风气候影响，东南—西北方向的灾害性海浪是影响近海海洋资源开发的强波浪，尤其是 NW 和 NNW 方向的灾害性海浪更应该重点防范。从国家海洋局历年海洋灾害公报可以看出，导致我国近海经济损失和人员伤亡的灾害性海浪大多是该方向。

2. 不同月份预测结果分析

图 6-83 是 Gumbel 分布模型在不同重现期下，对全年 12 个月灾害性海浪的计算结果。从图中可以看出，山东半岛南黄海近海灾害性海浪主要发生在每年的 7、8 月和 11、12 月及翌年 1 月；每年 4～6 月、9～10 月海浪比较小。其中在 7 月，南黄海海域受到热带气旋的影响，灾害性海浪波高较大；在 12 月和 1 月，受到强冷空气的影响，灾害性海浪波高也比较大。在以上两个时间段从事海上作业和海洋资源开发活动要重点防范海浪灾害。

3. 海上大风和海浪相关性分析

通过图 6-12 和图 6-17 可以看出，海上大风和海浪有很强的相关性，这一点在前面理论分析部分已进行过详细介绍，在我国近海不同海域海上大风和海浪的极值可以相互换算。山东半岛近海海上大风和海浪灾害主要发生在每年的 7～8 月和 11～12 月及翌年 1 月；每年 4～6 月、9～10 月这两种灾害比较轻。其中在 7 月，南黄海海域受到热带气旋的影响，海上大风和海浪灾害很严重；在 12 月和 1 月，受到强冷空气的影响，海上大风和海浪灾害也比较严重。在以上两个时间段从事海上作业和海洋资源开发活动要重点防范这两种灾害，尤其要注意海上大风和灾害性海浪的叠加影响往往会使得灾害的破坏力大大增加。

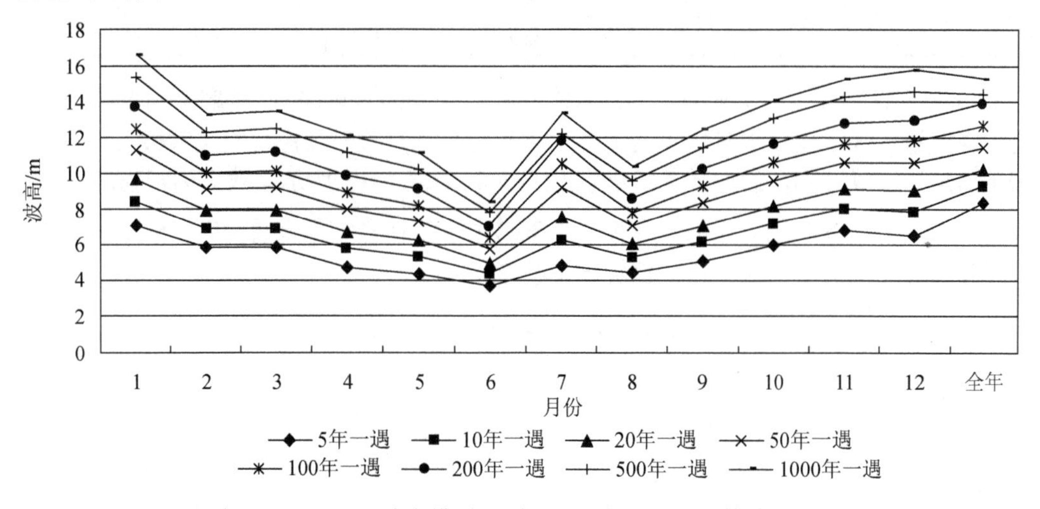

图 6-83　Gumbel 分布模型 12 个月份不同重现期计算结果比较

6.4 海洋灾害影响近海海洋资源开发定性分析

6.4.1 将定量计算结果代入指标体系计算致灾因子强度

“6.2 海上大风致灾因子测度”和“6.3 灾害性海浪致灾子测度”已计算出不同重现期各个方向的致灾因子大小，也已经计算出不同重现期各个月份致灾因子的大小。本节选取部分计算结果代入第5章所建立的海洋灾害影响近海海洋资源开发定性分析指标体系，所选取的计算结果如表 6-11 和表 6-12 所示。选取 16 个风向中风力最大的 NW 风向的风速值和不考虑方向的风速值；另外选取重现期为 50 年和 100 年的各个月份的风速值。我国近海海洋资源开发绝大多数基础设施和生产设施是按照 50 年一遇的防灾标准进行设计的。此外选取了山东南黄海近岸的气象资料、自然地理资料进行计算。

表 6-11　选取计算的不同方向致灾因子　　单位：m/s

风向	重现期风力							
	5 年	10 年	20 年	50 年	100 年	200 年	500 年	1000 年
NW	25.8379	27.7698	29.6230	32.0217	33.8192	35.6102	37.9730	39.7588
不分风向	28.6136	31.3556	33.9859	37.3905	39.9418	42.4837	45.8374	48.3720

表 6-12　选取计算的不同月份致灾因子　　单位：m/s

重现期	各个月份风力											
	1 月	2 月	3 月	4 月	5 月	6 月	7 月	8 月	9 月	10 月	11 月	12 月
50 年	30.9	28.0	28.4	24.1	24.6	29.2	34.4	28.9	27.0	31.5	32.1	30.6
100 年	33.1	30.0	30.4	25.8	26.4	32.0	38.3	31.5	29.0	33.8	34.3	32.5

将表 6-11 和表 6-12 中的数据代入式（5-7）～式（5-9）中，考虑不同重现期的日最大降雨量、年平均降水量、年最大降水量和降水量月分布情况，权重系数 A、B 运用强制确定法计算得到，经过计算得到 φ_d 的结果，如表 6-13 所示。致灾因子强度越大，表示海洋灾害造成的经济损失和人员伤亡就越大，从计算结果来看，7 月和 8 月的致灾因子强度要远远大于其他月份的致灾因子强度。

表 6-13　致灾因子强度 φ_d 计算结果

重现期	致灾因子强度 φ_d											
	1 月	2 月	3 月	4 月	5 月	6 月	7 月	8 月	9 月	10 月	11 月	12 月
50 年	0.264	0.228	0.233	0.351	0.357	0.490	0.785	0.716	0.423	0.443	0.280	0.261
100 年	0.292	0.253	0.258	0.371	0.379	0.526	0.810	0.749	0.450	0.472	0.307	0.285

6.4.2　确定指标体系权重

强制确定法在管理预测与决策方面应用非常广泛。本节采用强制确定法分别确定孕灾环境、承灾体、区域御灾能力和式（5-13）4 个方面的 15 个指标的权重系数。表 6-14 是孕灾环境各个指标权重计算结果，表 6-15 是承灾体各个指标权重计算结果，表 6-16 是区域御灾能力各个指标权重计算结果，表 6-17 是式（5-13）中 4 个指标权重计算结果。

表 6-14　孕灾环境各个指标权重计算结果

指标	w_1	w_2	w_3	w_4	w_5	总分	修正分	权重
w_1		1	1	1	1	4	5	0.333
w_2	0		0	1	1	2	3	0.200
w_3	0	1		1	1	3	4	0.267
w_4	0	0	0		1	1	2	0.133
w_5	0	0	0	0		0	1	0.067
合计						10	15	1.000

表 6-15　承灾体各个指标权重计算结果

指标	w_6	w_7	w_8	w_8	w_{10}	总分	修正分	权重
w_6		1	1	w_9	1	4	5	0.333
w_7	0		0	0	0	0	1	0.067
w_8	0	1		0	1	2	3	0.200
w_9	0	1	1		1	3	4	0.267
w_{10}	0	1	0	0		1	2	0.133
合计						10	15	1.000

表 6-16　区域御灾能力各个指标权重计算结果

指标	w_{11}	w_{12}	w_{13}	w_{14}	总分	修正分	权重
w_{11}		1	1	1	3	4	0.400
w_{12}	0		0	1	1	2	0.200
w_{13}	0	1		1	2	3	0.300
w_{14}	0	0	0		0	1	0.100
合计					6	10	1.000

表 6-17　式（5-13）中 4 个指标权重计算结果

指标	c_1	c_2	c_3	c_4	总分	修正分	权重
c_1		3	3	4	10	11	0.393
c_2	1		2	3	6	7	0.250
c_3	1	2		2	5	6	0.214
c_4	0	1	2		3	4	0.143
合计					24	28	1.000

6.4.3 得到定性分析结果

表 6-13 计算得出影响近海海洋资源开发的致灾因子强度，致灾因子强度是随着时间的变化而变化的。具体来说，每个月份的致灾因子强度体现了该月份致灾因子强度的最大值，该数值体现了海洋灾害对近海海洋资源开发活动的影响程度，数值越大，影响程度越大。从客观上讲，孕灾环境、承灾体和区域御灾能力在较短时间内基本不会随时间的变化而变化。所以，假设以一年为周期，在一个周期内孕灾环境、承灾体和区域御灾能力不会发生变化，同样 12 个月份当中这 3 个方面对近海海洋资源开发的影响也是没有变化的。

1. 孕灾环境分析结果

孕灾环境分析设定了海域状况、近岸地质类型、地势绝对高度、地形起伏程度和近岸河网密度 5 个指标，指标值越大表示该指标对近海海洋资源开发影响越大。经过专家打分并计算平均值之后，得到表 6-18 的各个指标数值。

表 6-18 孕灾环境 5 个指标专家打分平均值及计算结果

项目	海域状况	近岸地质类型	地势绝对高度	地形起伏程度	近岸河网密度
打分平均值	0.256	0.211	0.496	0.488	0.199
权重	0.333	0.200	0.267	0.133	0.067
孕灾环境值	$\varphi_{se}=w_1\varphi_1+w_2\varphi_2+w_3\varphi_3+w_4\varphi_4+w_5\varphi_5=0.338$				

2. 承灾体分析结果

承灾体分析设定了海域使用类型、人口密度、单位海域 GDP、近岸地区生产设施的防灾能力和近岸地区房屋的防灾能力 5 个指标，指标值越大表示该指标对近海海洋资源开发影响越大。经过专家打分并计算平均值之后，得到表 6-19 的各个指标数值。

表 6-19 承灾体 5 个指标专家打分平均值及计算结果

项目	海域使用类型	人口密度	单位海域 GDP	近岸地区生产设施防灾能力	近岸地区房屋防灾能力
打分平均值	0.476	0.689	0.519	0.318	0.299
权重	0.333	0.067	0.200	0.267	0.133
承灾体值	$\varphi_{sc}=w_6\varphi_6+w_7\varphi_7+w_8\varphi_8+w_9\varphi_9+w_{10}\varphi_{10}=0.433$				

3. 区域御灾能力分析结果

区域御灾能力分析设定了近海御灾设施完善程度、单位海域财政收入、交通疏散能力和涉海从业人员人均收入 4 个指标，指标值越大表示该指标对近海海洋资源开发影响越大。经过专家打分并计算平均值之后，得到表 6-20 的各个指标数值。

表 6-20　区域御灾能力 4 个指标专家打分平均值及计算结果

项目	御灾设施完善程度	单位海域财政收入	交通疏散能力	涉海从业人员人均收入
打分平均值	0.399	0.217	0.264	0.316
权重	0.400	0.200	0.300	0.100
区域御灾能力值	$\varphi_{sf}=w_{11}\varphi_{11}+w_{12}\varphi_{12}+w_{13}\varphi_{13}+w_{14}\varphi_{14}=0.3138$			

4. *海洋灾害影响近海海洋资源开发定性测度体系测度结果*

通过以上致灾因子强度、孕灾环境、承灾体和区域御灾能力的分析计算，把计算出的数值代入式（5-13）中得到海洋灾害影响近海海洋资源开发的致灾程度 YX 的数值，计算结果如表 6-21 所示。

表 6-21　海洋灾害致灾影响程度 YX 计算结果

重现期	致灾影响程度 YX											
	1 月	2 月	3 月	4 月	5 月	6 月	7 月	8 月	9 月	10 月	11 月	12 月
50 年	0.326	0.312	0.314	0.360	0.362	0.415	0.531	0.504	0.388	0.396	0.332	0.325
100 年	0.337	0.322	0.324	0.368	0.371	0.429	0.540	0.517	0.399	0.408	0.343	0.334

根据式（5-14），海洋灾害影响近海海洋资源开发的致灾风险 ZHRisk 计算结果如表 6-22 所示。在计算过程中，通过咨询诸多专家的意见和查阅相关文献资料，得到常数 a 一般取值为 0.8～0.9，本书取 a 为 0.8，R 取 0.95，代入式（5-14）中得到计算结果。

表 6-22　海洋灾害致灾影响风险 ZHRisk 计算结果

重现期	致灾影响风险 ZHRisk											
	1 月	2 月	3 月	4 月	5 月	6 月	7 月	8 月	9 月	10 月	11 月	12 月
50 年	0.323	0.309	0.311	0.356	0.359	0.411	0.525	0.499	0.384	0.392	0.329	0.322
100 年	0.334	0.318	0.320	0.364	0.367	0.425	0.535	0.511	0.395	0.404	0.339	0.331

从表 6-22 的计算结果可以看出，重现期为 50 年和 100 年的海洋灾害对近海海洋资源开发的致灾影响风险，7 月和 8 月的致灾风险较高，都接近或者大于 50%，其中 7 月最高，50 年重现期的概率达 52.5%；6 月、9 月和 10 月的致灾风险要低一些，基本维持在 40%左右；其他月份的致灾风险在 30%～35%，相对来说致灾风险小一些。50 年一遇的海洋灾害属于重大海洋灾害，100 年一遇的海洋灾害属于特大海洋灾害。综合考虑了致灾因子、孕灾环境、承灾体、区域御灾能力及人类积极有效的预防措施之后，海洋灾害对山东半岛近海海洋资源开发的致灾影响风险并不是特别高；特别是随着人们御灾防灾意识的提高和科学技术的进一步发展，在近海海洋资源开发过程中，海洋灾害可防范的程度会越来越高，而海洋灾害带来的风险将会进一步降低。

第7章　近海海洋资源开发御灾管理国际经验

7.1　美国近海海洋资源开发御灾管理

7.1.1　御灾管理组织

美国位于西半球的北美洲中部，国土面积963.1万km^2。美国国土三面与海洋相接，东临大西洋，南面是墨西哥湾，西临太平洋，大陆海岸线长达2.268万km。美国有着非常丰富的近海海洋资源，也是世界上较早开发海洋资源的国家之一。1986年，在世界范围内美国率先制定了《全球海洋科学发展规划》；1996～2000年美国先后总计投入110亿美元用于民用海洋研究和海洋开发；2002～2009年Small Business Innovation Research仅给予美国水产业的资助累计就超过1187.5万美元。美国不仅在财政上给予海洋资源开发以巨大支持，更通过法律和相关政策保障海洋资源开发，如1996年美国国会通过《海洋资源与工程开发法》；2001年美国国会通过《2000年海洋法令》，宣布成立美国海洋政策委员会，专门负责制定海洋开发相关政策；2004年美国海洋政策委员会颁布《21世纪海洋蓝图》，并在同年通过《美国海洋行动计划》。通过美国国家财政、法律和相关政策的倾向和扶持，美国在海洋科技、海洋经济和海洋综合管理方面的水平处于世界领先。美国近海海洋资源开发政策，从横向看，内容非常全面；从纵向看，制定层次非常高。因此，相关政策运行效果很好。海洋资源开发的顺利进行必须要有良好的政策、法律、管理等手段作保障。

美国也属于海洋灾害频发的国家，由于经常遭受飓风、风暴潮等海洋灾害的侵袭，美国较早地建立了御灾管理体制。纵观御灾管理在美国的形成与发展，大致经历了3个主要阶段：分散管理阶段、统一管理阶段及整合发展管理阶段[169, 170]。其中，整合发展管理阶段是从21世纪初期开始。2003年，以联邦应急管理局（Federal Emergency Management

Agency，FEMA）为首的二十多个联邦机构、项目组织等共同组建了美国国土安全部（Department of Homeland Security，DHS），作为美国御灾管理的核心机构。美国的御灾管理计划包括基础计划、紧急事件支持功能附件、恢复功能附件、支持功能、意外事件附件和附录 6 个部分。美国的御灾管理涉及应对自然灾害、公共安全事件、恐怖主义等一切威胁到国家安全的灾害或者事故。美国联邦政府御灾管理组织如图 7-1 所示[171]。

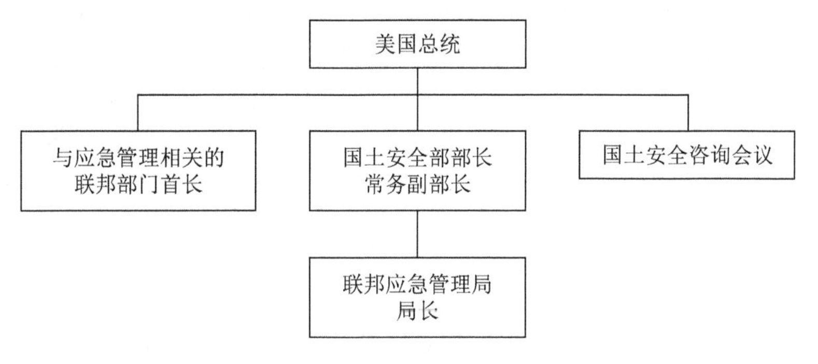

图 7-1　美国联邦政府御灾管理组织

1. 国土安全部

国土安全部是美国御灾管理的核心、中枢机构，可以说是美国最近 50 年最大规模政府机构改组的产物。国土安全部是美国灾害预测、灾难反应和应对行动的中央协调机构，负责组织协调重大紧急事件的防范、计划、管理、救援和恢复等工作，并且对联邦应对计划中的所有分计划、子计划进行整合、协调、修改等，领导联邦应急管理计划的发展和维持。国土安全部日常计划和管理工作量很大，特别是在紧急事件发生后，从事件初期的协调调度、新闻发布、运输、筹备等工作，到事件发生过程中的协调整合、计划修改、人员设备部署等工作，再到事件后续恢复等工作都需要国土安全部来做。海洋资源开发御灾管理主要是由国土资源部的应急准备与反应分部负责监视监测国内灾害准备训练，协调政府各个部门的应灾行动；特勤处和海岸警卫队负责保护总统及政府要员的人身安全，保护重要公共建筑物、港口和水域等。

2. 联邦应急管理局

联邦应急管理局是美国国土资源部较大的部门之一，联邦应急管理局下设应急准备部、应急响应部、缓解灾害影响部、灾后恢复部、区域代表处管理办公室 5 个职能部门，有大约 2600 名全职工作人员。在联邦应急管理局的灾害医疗救援体系内有 10 000 多名训练有素的医护人员，1600 家应急支持定点救援医院。由美国总统直接任命联邦应急管理局局长，联邦应急管理局可以直接向美国总统报告。在应对紧急事件过程中，该局专门负责重特大灾害应对管理。联邦应急管理局的主要职责包括通过应急准备、紧急事件预防、应急响应和灾后恢复等全过程应急管理，领导和支持国家应对各种灾难，保护各种设施，减少人员伤亡和财产损失。联邦应急管理局总部设在华盛顿特区，并且把全美划分成 10 个应急区，每个应急区设立工作办公室，配备 40～50 名工作人员负责与地方御灾管理机构联系和御灾。

3. 州政府御灾服务办公室

州政府御灾服务办公室在整个美国海洋资源开发御灾体系中居于骨干地位，是整个御灾管理体系中的重要单元，起到连接联邦应急管理局和地方市御灾准备局的承启作用。该办公室的主要职责包括：协调州御灾应急预案准备及预案实施过程中的活动；协调安排州御灾管理部门与地方政府部门之间的御灾响应活动；协调用于御灾响应、救援安置和灾后恢复重建的联邦和州的各种资源，确保做好各种灾害的备灾、减灾、应急和恢复等一切御灾工作。

4. 市御灾准备局

市御灾准备局在美国整个御灾体系中属于基本单元，是市政府的御灾管理重要部门。御灾准备局主要负责本行政区域内各种灾害、突发事件的御灾防范、御灾准备、策划、应急救援、灾后恢复等御灾活动；协调其管辖区域的公众宣传教育和社区应急准备；日常工作中要负责收集相关信息数据，编制御灾预案，维护管理御灾运行中心。

7.1.2 御灾管理运行模式

美国的近海海洋资源御灾管理体系形成了国家—州—市三级扁平化御灾管理网络，在御灾管理网络中，地方政府是基本节点，节点的所有御灾行动均以灾害指挥系统、多机构协调系统和公共信息系统为指导，积极开展各个阶段的御灾行动。各个节点以灾害影响规模、御灾资源需求和灾害控制能力作为请求上级政府援助的依据，一般来说，灾害发生初期，首先由各个州进行自我御灾管理，联邦政府在灾害超出了州政府控制能力的时候提供国家救援帮助。美国近海海洋资源开发御灾管理运行模式有统一管理、属地为主、分级响应和标准运行等特点。

1. 统一管理

自然灾害、紧急事故、恐怖袭击、公共安全事件等各种重大突发事件发生后，均由美国各级政府御灾管理机构统一指挥调度各种资源应对灾害或灾难。在日常工作中，各级御灾管理部门主要负责人员培训、公众宣传教育、救援演练、物资与技术保障等工作。

2. 属地为主

在美国的御灾管理运行模式下，无论灾难或者灾害的规模有多大，波及范围有多广，御灾管理的指挥任务均由事件发生地的政府部门来承担，联邦政府和上一级政府主要负责协调和援助。国土安全部和联邦应急管理局很少介入地方的指挥工作，例如，“卡特

里娜”飓风和“9・11”恐怖袭击事件这样极其严重的重大灾害和灾难，在当时御灾管理时，也是主要以新奥尔良市政府和纽约市政府作为御灾指挥的核心。

3. 分级响应

根据事件规模、强度的大小来确定御灾响应的规模和级别，并不是指挥权力的转移，在美国的御灾管理运行系统中几乎不存在指挥权的转移。确定御灾响应级别的原则：事件的严重程度和公众对事件的关注程度；有些事件虽然不确定是否会发生重大破坏性事件，如奥运会、总统选举等，但是社会公众关注程度很高，仍然需要御灾管理部门保持最高级别的预警和响应。

4. 标准运行

御灾管理从开始的御灾准备到收尾的恢复阶段全过程中，所有行动都要遵循标准化的运行程序，包括监测、预警、物资、调度、信息共享、术语代码、通信联络等，甚至救援人员的服装标志，都需要采用所有人员均能识别的标准或做法，目的是提高御灾指挥效率，减少指挥失误。

在美国国家安全部、联邦应急管理局、各州和市各级御灾管理机构中均设有御灾应急运行调度中心。御灾应急运行调度中心的日常工作包括监控潜在的自然灾害、灾难和恐怖袭击等信息，保持与上下级御灾管理机构的联系畅通，汇总并分析各类信息，及时下达御灾管理过程中紧急事务处置指令，及时反馈指令执行过程中的各类情况。该调度中心日常工作中最重要的一项是收集潜在信息。

美国总统宣布紧急事态或重大灾难状态程序如图 7-2 所示[172]。

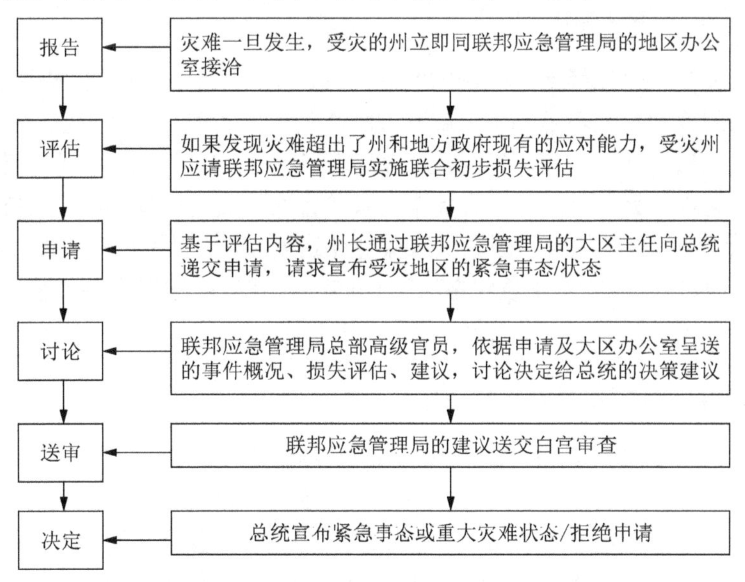

图 7-2　美国总统宣布紧急事态或重大灾难状态程序

7.1.3 御灾管理运行模式特点

1. 御灾管理组织层次清晰、机构完备、职能明确

美国一直以来非常重视御灾体系与机制建设，从20世纪70年代联邦应急管理局成立，到“9·11”恐怖袭击事件后联邦应急管理局地位空前提升，并且合并了22个中央政府机构，组建成国土安全部；御灾职能从自然灾害防御扩展到自然灾害、公共安全事件、恐怖袭击和战争的综合御灾。建立起了第一层次联邦层、第二层次全美各州、第三层次各个州的市的三级御灾管理体系。每一级御灾管理机构均设立应急运行调度中心。

2. 极其重视监控预警系统建设

在监控预警方面，各个层次的应急运行调度中心通过24小时连续运转的信息监控室，利用互联网、有线电视和无线通信等手段，收集各类信息并进行分析，以便及时掌握某一区域内潜在的危机态势。信息监控室把监控到的各种信息汇总到调度中心，以便及时进行准确判断，下达紧急事务处置指令，采取有效的应对措施。以防范海洋灾害为例，美国组建了国家应急行动中心、气象卫星监测报告系统、近海大都市气象监测系统及自然灾害应急救援沟通系统4个层次的防范系统，充分应对飓风、风暴潮、海浪等海洋灾害对海洋开发活动的影响。御灾管理是一项系统工程，美国政府还在御灾法制建设、御灾资源保障、御灾管理信息系统开发、御灾教育和培训等方面做了非常充分的工作，保障了世界领先的御灾管理能力。

3. 御灾管理法律体系非常完善

美国的御灾法制建设经历了较长的发展历程，从20世纪50年代初到20世纪末，美国的御灾法制建设都在不断完善。御灾法制体系主要涵盖了基本反应体系、应急法制立法和危机反应机构及其职权。御灾法制基本反应体系包含了对一般紧急事件的处理，对自然灾害、灾难的紧急处理，重大灾难灾害的宣布、紧急处理等事务；御灾应急法制立法主要包括《洪水保险法》和国家洪水保险计划（1968）、《灾害救助和紧急援助法》及其修正案（1974）、《国家紧急状态法》（1976）、《国家地震灾害减轻法》（1977）、《美国油污法》（1990）、《联邦应急计划》（1992）等。

4. 御灾物资供应技术支撑系统强大

为了满足灾害和灾难救援物资需求，美国除在本土建立了完善可靠的应急物资储备、运输系统，还在太平洋地区的关岛和瓦胡岛建有应急救援物资储备仓库，该仓库储备了救助物资、食宿物资、生活用品、医疗物资、工程设备等救援物资。另外，美国的御灾管理通信信息系统在御灾管理过程中起到至关重要的作用。通过集群集成网络、卫

星、通信等设施，实现各个政府部门的连接互通，效率较高，保证了御灾管理在紧急状态下的指挥效率。

7.2　英国近海海洋资源开发御灾管理

7.2.1　御灾管理组织

英国国土位于西风带，陆地被大西洋、北海、爱尔兰海和英吉利海峡包围，受海洋的影响，英国气候温暖湿润，属于温带海洋性气候。英国海岸线大约 1.145 万 km，近海大陆架蕴藏着丰富的海洋资源，仅近海海洋油气资源就非常可观，大约蕴藏 10 亿～40 亿 t 海洋石油，8600 亿～25850 亿 m^3 海洋天然气。英国大约 30%的人口居住在距海洋 10km 的沿海地带，因此，英国是一个受海洋灾害影响较大的国家。基于丰富的近海海洋资源，进入 21 世纪，英国加快了近海资源的开发步伐。2005 年英国发布《未来的近海》海洋开发战略，强调了沃什湾、利物浦海湾和泰晤士河口 3 个海域的海洋资源开发；2008 年英国颁布《风能主导法》，加快推进北海、爱尔兰海、英吉利海峡 3 个海域海上风能资源的开发；2009 年的《海洋和沿海进入法案》和 2010 年的《海洋法案》主要从海洋空间规划、加强海域综合管理方面规范了海洋开发行为[173, 174]。

英国历来重视御灾管理，建立自然灾害、重大事件等突发事件的应急管理机制已有较长历史。20 世纪 90 年代末期以来，灾害危机形态不断变化，危害程度不断扩大，英国政府对本国的御灾管理体系进行了重新审视和优化，借鉴了美国“9・11”恐怖袭击事件和中国 SARS 事件的御灾管理的经验教训，重新构建以 3C（command、control、communications），即指挥、控制、通信为基础的御灾管理体系，强化国家层面协调协作和部门协同，整合一切可以利用的社会资源，增强应对重大突发安全事件的合力。

1. 内阁紧急应变小组

内阁紧急应变小组（Cabinet Office Briefing Rooms，COBR）不是一个常设机构，通常在面临重大突发事件需要跨部门协调和指挥，才以召开紧急会议的方式启动。该小组人员不固定，通常根据发生事件的性质及严重程度组织相应层级的政府官员参加，会议的级别分为部长级和政府官员级。国民紧急事务委员会（Civil Contingencies Commitment，CCC）由各部大臣和其他官员组成，向内阁紧急应变小组提供咨询意见，并负责监督中央政府部门在紧急情况下的应对工作。COBR 的主要任务包括：保证御灾处置指挥人员与 COBR 的沟通顺畅有效；及时、精确地掌握突发事件的现实情况；制订有针对性的御灾应急管理战略目标；持续不断向社会公众提供准确信息；在采取御灾应急措施与保护社会公众权利之间保持高度平衡；加快御灾决策的形成。迄今为止，COBR 成功处理了包括 2000 年英国燃油供应短缺危机、2001 年的口蹄疫、2005 年的伦敦地铁爆炸、2006 年的高致病性禽流感等一系列突发事件。

2. 国内紧急情况秘书处

国内紧急情况秘书处（Civil Contingencies Secretariat，CCS）成立于 2001 年 7 月，CCS 的主要工作是协调跨部门、跨机构的御灾管理行动。CCS 的主要职能：一是负责御灾管理体系规划和御灾准备，具体包括物资准备、装备准备和日常演练；二是对突发事件风险和危害程度进行评估，具体分析危害发生的概率和发展变化的趋势，确保御灾应急计划和措施的针对性；三是在突发事件发生后，决定是否启动 COBR，制定紧急应对方案，协调各个相关部门的御灾管理工作，督促地方政府及时报告事件处理情况，以便及时介入干预，防止不当处理的发生；四是御灾管理工作评估，从战略层到操作层提出改进意见，推动御灾管理立法工作向前发展；五是组织御灾管理人员培训。

英国中央政府御灾管理机构体系如图 7-3 所示。

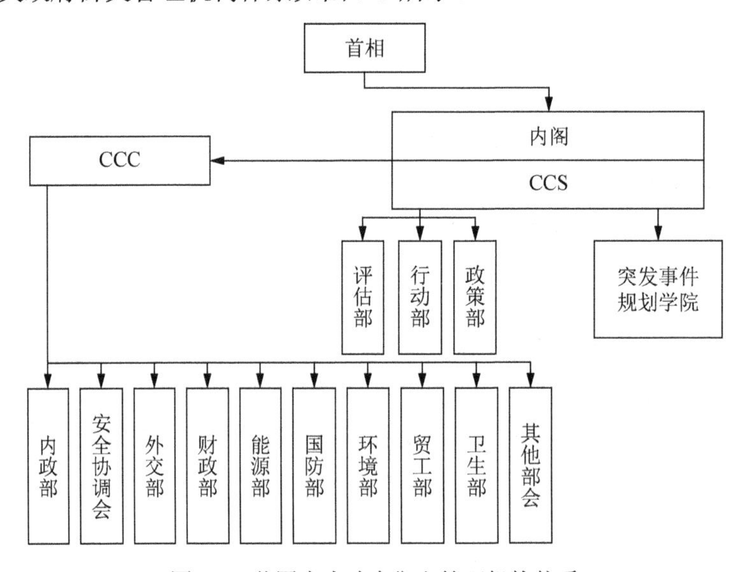

图 7-3　英国中央政府御灾管理机构体系

英国在处置突发事件，应对各种自然灾害和灾难时，除了上述管理部门，还包括中央政府、地方政府、国民健康事务部、志愿者组织、警察部门、消防部门、环保部门、相关行业与企业、海上及海岸警卫署、军事部门等常规御灾管理部门。各个机构在御灾管理体系中发挥着各自不同的职能，确保御灾管理顺利进行。

7.2.2　御灾管理运行模式

英国御灾管理体系包括 COBR、CCC、CCS 和各个政府管理部门。首相是御灾管理最高行政首长，地方政府中的警察、消防、医护等部门是御灾管理的直接参与部门，地

方的志愿者组织等非政府组织给予协助和支持。中央政府一般只负责全国性重大突发事件和恐怖袭击事件，COBR 是英国政府危机处理最高机构，一般只在遭遇非常重大的危机或紧急事件情况下才启动；CCC 由各个部门大臣和官员构成，主要负责向 COBR 提供咨询意见并监督中央政府部门在紧急情况下的工作情况；CCS 主要负责英国国内日常御灾管理工作和在突发事件发生后协调跨机构、跨部门的御灾管理行动，为 COBR 和 CCC 提供支持工作。

1. 分级御灾应急处置模式

英国的御灾管理运行模式通常根据突发事件的性质和严重程度，采取分级御灾应急处置的模式。以海洋灾害对近海海洋资源开发活动的影响为例，如果海洋灾害的破坏程度在地方政府御灾能力范围内，通常由地方政府自行处置和应对海洋灾害；如果海洋灾害的危害超出了地方政府的御灾能力，那么地方政府要及时向中央政府汇报，由中央部门应对海洋灾害。中央政府的御灾应急处置分为 3 级：一是超出地方政府御灾能力范围但是尚不需要跨部门、跨机构协调应对的重大突发事件，在中央部门领导下协作处理；二是突发公共事件影响范围很大且需要中央政府协调御灾的情况，统筹协调军队、情报机构、CCS 和相关部门共同应对事件或灾害，必要时启动 COBR；三是爆发大规模、大范围的蔓延性或灾难性突发事件，立即启动 COBR，中央政府层面主导危机决策，实施全国范围的应对措施。前两种情况下，中央政府和 COBR 一般不会取代地方政府的管理职责，只负责协调相关部门的行动。

2. 三级御灾应急处置机制

三级御灾应急处置机制就是“金、银、铜”3 个层级的应急处置工作体系，各层级由政府统一配备通信装备、提供无线通信频道，通过中央政府逐级下达命令而构成一个御灾应急处置工作体系。“金、银、铜”3 个层级的组成人员、职责分工和工作目标各不相同。金层级的工作目标是解决“做什么”的问题，负责从战略层面总体控制突发事件或者灾害，制订行动目标和行动计划，下达命令给银层级；金层级可以调动全国范围内的一切应急资源（包括军队），由 COBR 决定应急资源在全国范围内的调动；因此，通常情况下金层级由中央政府相关部门的代表组成，以召开会议的形式，通过远程指挥进行总体控制。银层级的工作目标主要是解决“如何做”的问题（what、where、when、who、how），属于战术层面的御灾应急管理，由事件发生地的相关部门代表组成，根据金层级下达的工作任务，把任务具体分配给铜层级。铜层级的工作主要是根据银层级下达的命令，具体实施应急处置任务，通过正确、高效地使用应急资源，最终实现御灾管理的目标。

7.2.3 御灾管理运行模式特点

1. 专门的御灾管理组织机构

为了能够积极、充分地应对突发事件，专门的常设组织机构是非常必要的。通过设立权威性强的顶层组织机构和一整套组织机构体系，实现从中央到地方的管理路径通畅，高效地协调配置应急资源，是御灾管理顺利实现的组织保证。虽然，在紧急事件发生后，根据紧急事件的特点，临时组建御灾应急指挥小组也不失为一种管理方法，且在御灾管理的早期，世界上大多数国家均实施过此种管理模式。但是，当今社会发生的紧急事件，无论是自然灾害还是公共安全事件等其他突发事件，都具有突发性、紧急性、不可预测性和较大威胁性，这就要求政府的御灾管理机构管理高效，事件发生后，要第一时间做出准确反应，迅速调度应急资源，按照事先指定的御灾管理预案准确无误地应对；通过不断的成功御灾管理经验的积累，又可以进一步完善和强化御灾管理预案。而临时组建御灾应急指挥小组无疑大大降低了管理效率，且临时组建的管理团队，会存在诸多管理障碍和矛盾。美国设立的“联邦应急管理局”及其地方组织机构，英国设立的“突发事件计划官”及其地方组织机构，都是我国完善海洋灾害御灾管理可以充分借鉴的有效做法。

2. 突发事件御灾管理立法完善且规划性强

英国针对突发事件御灾管理或者危机管理的立法持续了接近100年的时间，涉及全英危机应对的立法从1920年的《应急权利法案》、1948年的《民防法案》到1972年的《地方政府法案》，再到2004年的《非军事应急法案》。从中央政府到地方政府都在不断完善御灾管理立法，尤其是英格兰和威尔士，在不断完善御灾管理立法的同时更是探索了英国大都市的城市御灾应急管理法律制度。

3. 各类社会志愿者组织发挥重要作用

英国的御灾管理体制下，志愿者组织在社会事务管理中发挥了重要的作用。英国政府广泛借助民间团体、非政府组织等专业性、技能型志愿者组织，在政府决策过程中起到“智囊团”的作用。各类志愿者组织平时经常开展业务培训和实战演练，遇到突发事件往往能起到“生力军”的作用。在海洋灾害御灾管理方面，志愿者组织还不断发起保护海洋、爱护环境的倡议，从根源上减少各类海洋灾害的发生。

4. 御灾管理过程中实现规范化信息公开

政府的信息披露机制是御灾管理过程中一项非常重要的机制。英国政府通过完善立法，或者事后承认机制，赋予政府在突发事件管理过程中拥有更多的裁量权，在很大程度上提高了政府的御灾管理效率。

7.3　日本近海海洋资源开发御灾管理

7.3.1　御灾管理组织

日本是我国的邻国，由北海道、本州、四国和九州 4 个大岛和数千个小岛组成，是一个典型的岛国，拥有 3.3 万多千米的海岸线。日本东临太平洋，属于温带海洋性气候，在每年的夏季和秋季特别容易遭受台风侵袭。日本陆地国土面积 37.8 万 km^2，人口大约 1.2772 亿（截至 2011 年 10 月），因此日本的人口密度仅次于孟加拉国，位居世界第二。日本陆地面积狭小，但是有着非常广阔的领海，近海有着非常丰富的海洋渔业资源及其他海洋资源。日本陆地资源中除了森林资源非常丰富外，国民经济发展所需的其他资源非常匮乏，陆地上几乎没有有色金属、铁矿石等矿产资源，也几乎没有石油和天然气资源。因此，在第二次世界大战结束后的 10 年间，日本国民经济逐步恢复，逐渐达到了第二次世界大战以前的水平。国民经济的发展逐渐加大对矿产资源的需求，尤其是加大了对煤炭、石油和天然气等能源类资源的需求。鉴于陆地矿产资源的匮乏，日本从 20 世纪 60 年代便开始了近海海洋资源的开发。20 世纪 60 年代，日本开始制定海洋资源开发规划，逐步有计划地开发近海渔业，发展海洋交通运输业、海洋化工业等海洋产业；20 世纪 60～80 年代，在积累了一定的海洋资源开发管理的经验后，日本不断完善海洋资源开发推进措施，鼓励民间资本投资开发海洋；20 世纪 90 年代，日本全面开展海洋资源开发活动，并且不断加大海洋科技研发的投入；进入 21 世纪，日本继续加强海洋开发科技投入，不断完善海洋技术规划，加强国际合作，日本海洋资源开发进入综合性规划开发阶段。目前滨海旅游、海洋交通运输、海洋渔业、海洋油气资源开发的产值占到海洋总产值的 70%[175，176]。

日本建立了以内阁官房为中枢的突发事件御灾管理体系。通过中央御灾会议决策，地方御灾会议安排部署，相关牵头部门相对集中管理，日本实现了对自然灾害和突发公共安全事件的高效管理。

1. 内阁官房

内阁官房是日本政府御灾管理组织体系中的中枢机构[177]。内阁官房共有 600 名工作人员，其中专门从事危机管理工作的就有 100 多人。从事危机管理的内阁官房成员均来自内阁府、防卫省、消防厅、公安调查厅等 15 个省厅。在整个危机管理组织体系中，首相是最高指挥者，组织体系负责自然灾害、事态应对、安全保障、情报安全分析及危机管理中心运行等 22 类危机管理工作。

2. 内阁危机管理中心

1996 年 4 月，日本政府成立内阁危机管理中心，该中心在内阁危机管理总监领导下直接向首相负责。内阁危机管理中心可以同时处理多起自然灾害和其他社会突发事件等紧急事件；具备长期、持续应对突发事件和紧急事态的能力；配备有先进的可传递音像、图片等数据资料的联网式通信系统，可以随时召开视频会议。内阁危机管理中心官邸异常坚固，能够抵御包括地震、海啸、台风在内的高强度自然灾害。在 2011 年 3 月 11 日的日本大地震中，内阁危机管理中心发挥了极其重要的作用。目前该中心已经成为日本政府应对恐怖袭击、核事故、超强自然灾害等突发事件，进行御灾管理及做出最后决策的指挥所。

自从 1995 年阪神大地震后，日本政府进一步加强了纵向集权御灾应急职能，构建了中央、都、市三级御灾组织管理体系。中央负责组织事务局、专门委员会等相关部门负责人召开中央御灾会议，负责制订国家御灾基本计划和御灾业务计划；地方行政长官负责组织相关部门召开地区性御灾会议，制订本地区御灾计划。通过三级御灾组织管理体系的运行，使日本能够高效地应对地震、台风、海啸等自然灾害和突发公共安全事件。日本三级御灾管理组织体系如图 7-4 所示[178]。

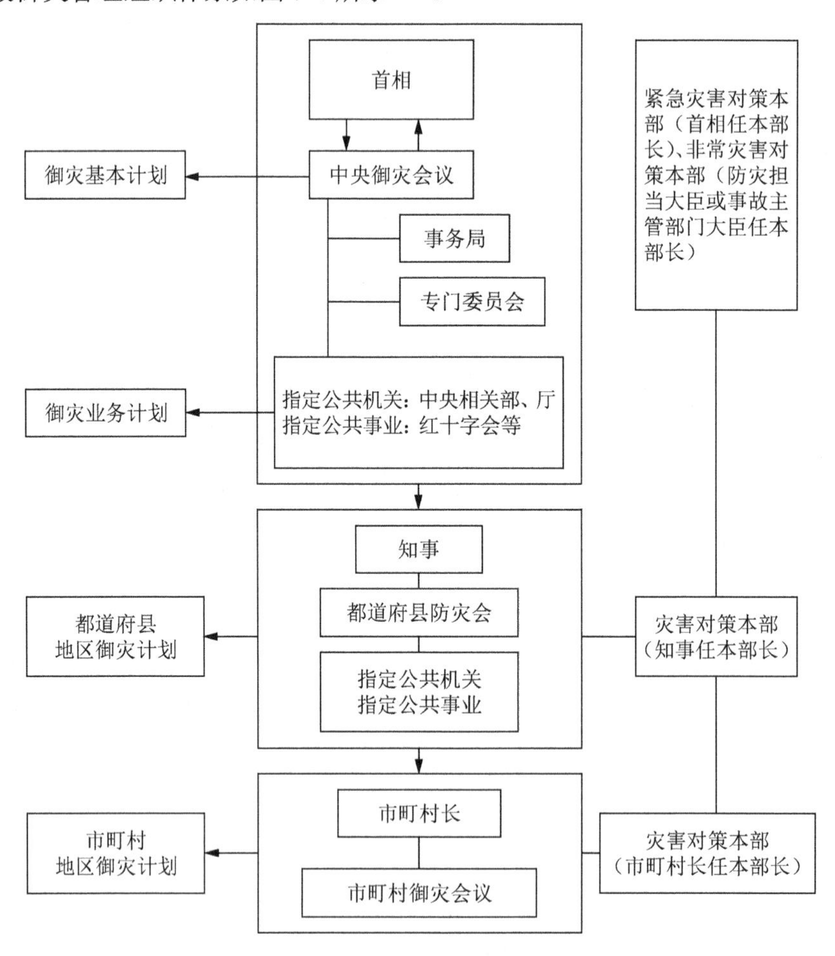

图 7-4　日本三级御灾管理组织体系

3. 内阁情报中心

内阁情报中心负责收集整理国内外相关事件的情报，并把情报快速分析处理，通过建立的紧急联络通信网把相关信息传递给中央和地方，实现信息共享和交流。内阁情报中心的紧急联络通信网涵盖了中央御灾无线网、消防防灾无线网、市町街区防灾行政无线网等多个网络系统，一旦出现灾情或者紧急情况，该网络可以在 5min 内把相关信息传递给民众，相当于日本的全国危机警报系统。日本的御灾管理信息与情报流程如图 7-5 所示。

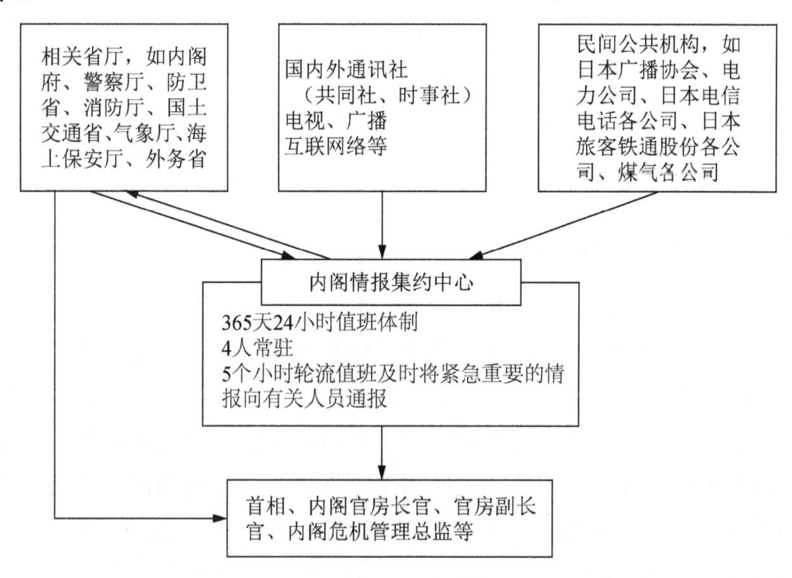

图 7-5　日本御灾管理信息与情报流程

7.3.2　御灾管理运行模式

1. 全政府模式御灾管理

日本是一个体制健全、规范的法制化国家。由于自然灾害频发，日本在社会管理过程中，应对突发公共安全事件和自然灾害方面，积累了非常丰富的管理经验。目前日本已经形成以首相、内阁为核心的全政府式危机管理模式，该模式经受住了 2011 年日本大地震的考验，在应对自然灾害方面十分有效。全政府模式御灾管理模式从中央到地方构建起完整的管理体系，中央管理层的核心是首相和内阁，内阁和内阁官房对首相负责，通过中央御灾会议制定国家御灾基本计划和御灾业务计划，规划和指导全国范围内的危机管理工作。地方一级建立知事直管型全政府危机管理组织体系，地方行政长官负责组织相关部门召开地区性御灾会议，制订本地区御灾计划，地方计划要落实中央计划的指示，不能与中央计划相矛盾。在全政府御灾管理模式下，首相和地方政府权力增加，在遇有地方不能有效应对的突发事件时，地方政府行政长官可越级上报，以便能够迅速应对，实时救援。这样一来使得信息传递速率加快，减少了信息传递的中间环节，更加适合于应对各种突发性社会危机。另外，全政府模式御灾管理改变了传统条件下由某一个或某几个部门负责危机管理的状况，充分整合利用了政府各个部门、社会组织的力量，提高了解决危机事件的效率和概率[179]。

2. 跨区域御灾合作机制

阪神大地震以后，日本的 4 个州、40 多个道府县、2000 多个市町村签订互助救援协议，平时相互提供各种自然灾害的情报，构筑了联合御灾基层组织。除此之外，日本地方政府的消防、警察和日本自卫队也展开区域和跨区域的协作，设置专门的联络专员，开展日常协作演练演习，提高整体的御灾能力和地方政府的应急管理能力。

7.3.3 御灾管理运行模式特点

1. 广域合作且独立运转的御灾管理体系

从日本的御灾管理组织体系和御灾管理运行模式可以看出，在抵御地震、台风、风暴潮等自然灾害侵袭、防范恐怖袭击、爆炸、抢劫等突发公共安全事件等方面，日本建立的管理体系有着良好的广域性。从中央政府到地方政府，从自卫队到地方消防、警察，从海岸自卫队到红十字协会实现了御灾管理的广域合作。中央政府是御灾管理的中枢机构，地方政府接受中央政府的指令，按照指令制订本行政区域内的御灾管理计划，体现了御灾管理体系的独立运转性。日本的东京、大阪、神户等大都市和地方小城镇、村庄都可以融入这个管理体系，东京都危机管理体制如图 7-6 所示[180]。从图中可以看出，在像东京这样的大都市，御灾管理体系中危机管理总监是整个管理系统的中枢，下设综合防灾部；通过强化信息统一管理功能，提高灾害应对能力和强化地区合作等措施来应对自然灾害和突发公共安全事件。在这种广域合作且独立运转的御灾管理体系体系下，充分调动一切可以利用的应急资源，利用社会各界的力量，提高了整体御灾管理的水平。

2. 权威、完善的法律体系

由于特殊的地理位置和环境，日本是世界上遭受各种自然灾害侵袭较严重的国家之一，因此日本也是世界上较早制定御灾应急管理法律的国家之一。早在 1880 年日本就制定了国家《备荒储备法》，通过立法加强对洪水、火灾、暴雨等自然灾害的预防[181]；1961 年日本整合多项单一法律形成《灾害对策基本法》，这是日本御灾管理法律体系的基础；之后陆续制定了《建筑基准法》《灾害救助法》《地震保险法》《大规模地震对策特别措施法》《灾害救助慰抚金给付》等有关法律；阪神大地震之后，日本御灾管理

法律体系继续完善，陆续制定了《受灾市街地复兴特别措置法》《受灾者生活再建支持法》。健全完善的御灾管理法律体系，是御灾管理顺畅运行的保障，也是御灾行为科学化、规范化的有力保障[182]。

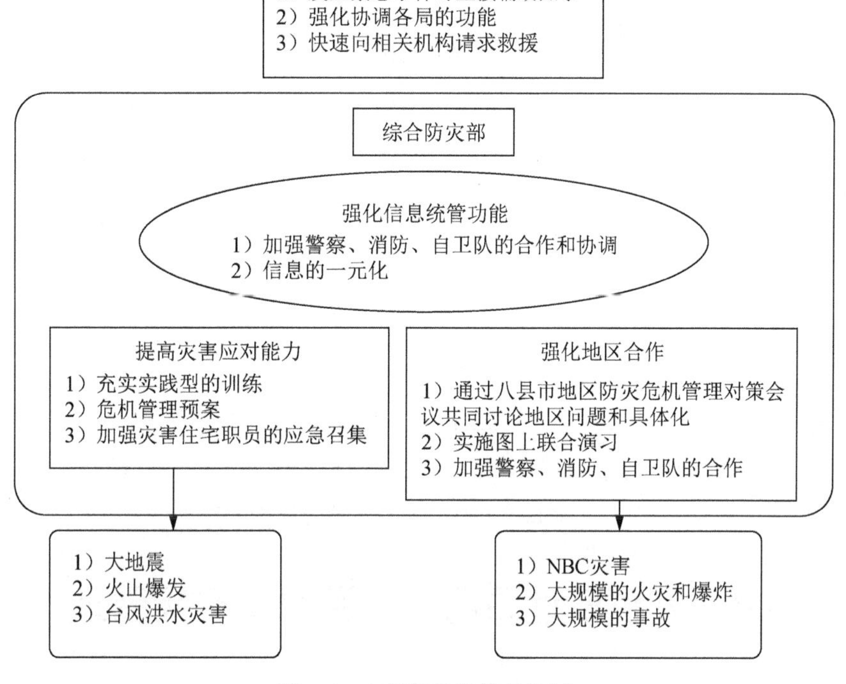

图7-6　东京都危机管理体制

3. 充分发挥NGO主体能动作用

日本在危机管理上政府机构起到了规划、领导等主导地位的作用，而独立法人企业、NGO也发挥了十分明显的作用。在紧急情况下保障了民众的生命财产安全，NGO是整个御灾体系中必不可少的一部分。

4. 发达的信息管理与技术支撑

御灾管理过程中最重要的就是要保障信息的畅通，信息管理和信息技术对于整个御灾管理体系是至关重要的。日本在信息收集、处理、分析和传递方面的技术居于世界领先水平。中央政府层面的御灾无线网络就具备卫星通信、移动通信线路和影像传输等功能，能保证通信运营商在线路中断情况下及时把灾害数据信息传递到地方政府和相关方。日本在紧急情况下的信息处理流程如图7-7所示[183]。

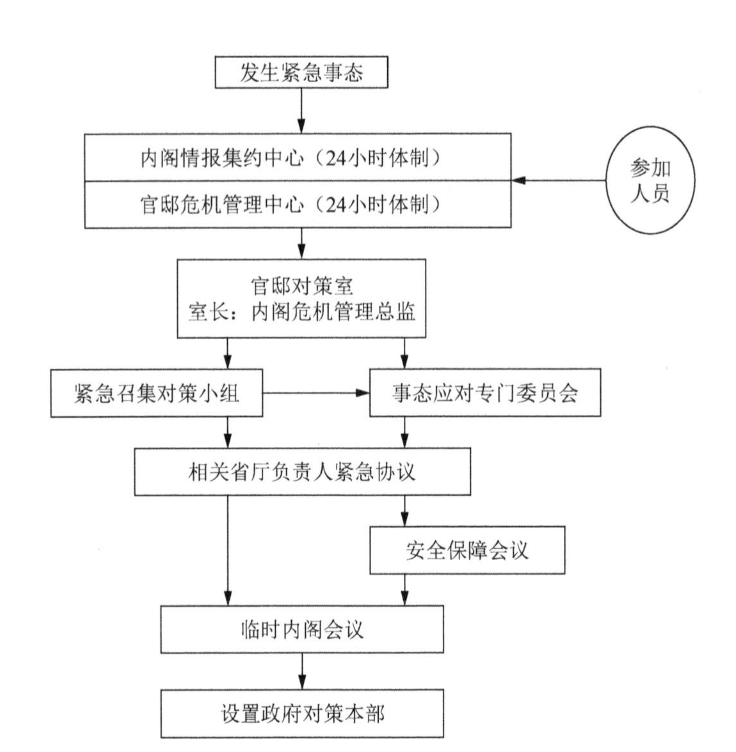

图 7-7　日本在紧急情况下的信息处理流程

7.4　俄罗斯近海海洋资源开发御灾管理

7.4.1　御灾管理组织

俄罗斯是世界上领土面积最大的国家，陆地版图横跨亚洲和欧洲。巨大的版图使得俄罗斯北临北冰洋，东临太平洋，西临大西洋，西北部临波罗的海，海岸线长 37 600 多千米。俄罗斯历来重视发展海洋战略，重视近海海洋资源开发。2004 年俄罗斯正式成立海洋委员会，海洋委员会主席和副主席由国内举足轻重的政要担任；海洋委员会委员由中央各个部委一把手构成，这足见俄罗斯对发展海洋经济的重视程度。俄罗斯有着非常丰富的海洋资源，近海大陆架面积大约 620 万 km^2；在俄罗斯的近海蕴藏着丰富的海洋石油天然气、海底金属矿藏、海洋生物资源等海洋资源。相比较美国、英国、日本，俄罗斯近海海洋灾害较少受到热带气旋的影响，因此很少有台风、风暴潮等恶劣的、破坏力极大的海洋灾害发生，海洋灾害对近海海洋资源开发的影响相对要小一些；但是俄罗斯近海极易受到寒潮、强冷空气的影响，也会产生破坏力较大的海上大风、温带风暴潮、海浪等海洋灾害。所以，俄罗斯把海洋资源开发过程中的海洋灾害御灾管理纳入了全国的公共危机管理体系[184-186]。

1. 公共危机管理体系

俄罗斯历来重视国家安全和社会危机管理，把自然灾害、灾难、公共安全事件均纳入公共危机管理体系。总统是公共危机管理体系的核心，联邦安全会议是公共危机管理体系的决策中枢和指挥中枢，属于常设性机构，俄罗斯联邦安全会议机构设置如图 7-8 所示。在俄罗斯的公共危机管理体系中，总统的权力非常大且非常广泛，总统是国家元首和军队首领，拥有行政权和立法权。联邦安全局、国防部、联邦紧急情况部、对外情报局、联邦边防局、外交部、联邦政府与情报署和联邦保卫局在整个公共危机管理体系中都接受联邦安全会议的领导和安排。

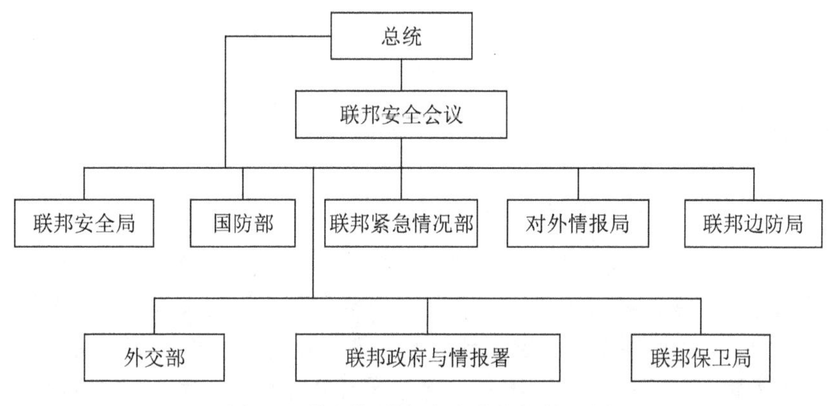

图 7-8　俄罗斯联邦安全会议机构设置

2. 联邦紧急情况部

1994 年年初，俄罗斯为了应对国内各种突发安全事件、平息民族矛盾、结束社会经济动荡，建立了“民防、紧急状态和消除自然灾害后果部”，后简称为联邦紧急情况部。俄罗斯联邦紧急情况部主要负责自然灾害、各种突发事件、灾难等的预防和救援。从横向上看，国防部、内务部和内卫部队要协助联邦紧急情况部处理和应对各种突发事件和灾难。从纵向上看，联邦紧急情况部直接管辖 40 万御灾应急救援部队，并且救援部队配备全套应急救援装备；在联邦、联邦主体（州、边疆区、直辖市等）、各个城市、基层村镇四级设置了紧急情况机构垂直领导体系，构建成五级御灾应急垂直管理的模式。图 7-9 是俄罗斯联邦紧急情况部设置图。通过每一级的指挥中心、信息中心、培训基地、救援队等支撑机构，保证御灾过程中有能力发挥中枢系统的协调作用。

另外，俄罗斯联邦紧急情况部拥有多所高等院校，如沃罗涅日消防技术学校、圣彼得堡国立消防大学等高校源源不断地为联邦紧急情况部输送优秀的专业技术人才，保证了部门内人员的供应与更新，从而使得整个系统的工作效能不断加强。

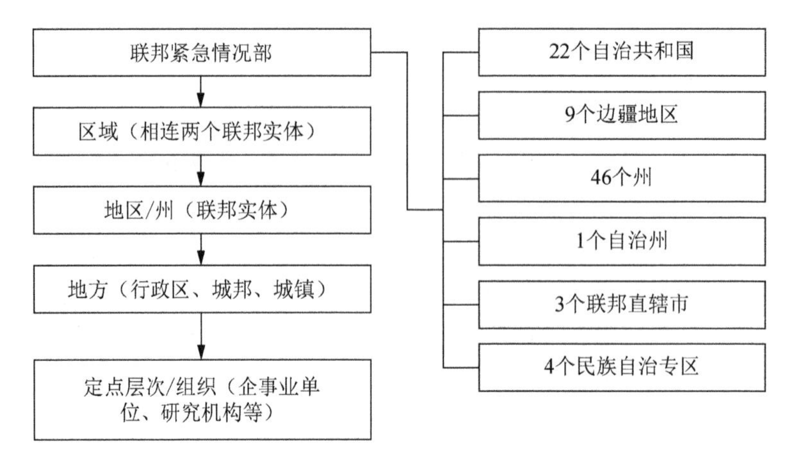

图 7-9　俄罗斯联邦紧急情况部设置

7.4.2　御灾管理运行模式

1. 紧急状态下政府管理运行程序

发生自然灾害、灾难或者突发公共安全事件后，马上进入紧急状态，俄罗斯总统发布进入紧急状态的命令，经过上议院（联邦委员会）和下议院（国家杜马）通报，最终由联邦委员会批准。联邦委员会和国家杜马要仔细核查进入紧急状态的原因、地域范围、保障行动的人力物力物资等一系列细节。通过国家电视台、广播、网络等媒体传播给进入紧急状态地区的公众。俄罗斯公共危机管理机制如图 7-10 所示[186]。

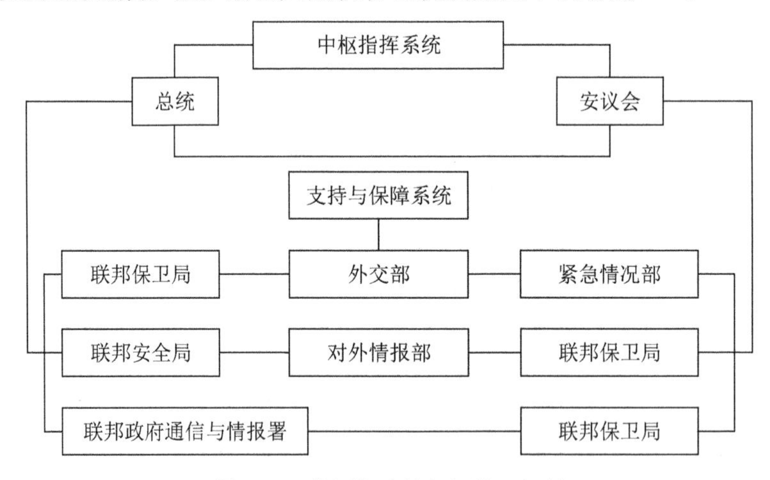

图 7-10　俄罗斯公共危机管理机制

2. 危机控制中心

危机控制中心是俄罗斯联邦紧急情况部下设机构，主要职能是负责收集、整理各种

情报信息，得到相应情报上报并且向有关部门传送。危机控制中心下设信息处理中心，信息处理中心有一整套自动收集、分类、分析、整理信息和 24 小时值班系统，信息处理后 2min 以内将相关信息输送到相应部门。当重大紧急事件发生后，危机控制中心就是危机指挥中心，通过该中心俄罗斯政府可以采取以下御灾措施：①启动国家紧急状态系统，执行紧急状态预案；②启动御灾救援系统，向受灾人群提供医疗卫生帮助，展开救援；③设立御灾管理中心，调配应急御灾资源，保障系统信息畅通；④派出陆地交通、航空部门参与配合御灾；⑤对媒体进行规范和控制。

7.4.3　御灾管理运行模式特点

1. 御灾中枢指挥系统注重权力集中

俄罗斯的公共危机管理体系中对自然灾害、公共安全事件等的管理特别注重权力集中。在御灾管理体系中，总统是绝对的核心，联邦安全会议是管理体系的决策中枢；总统和联邦安全会议共同构成俄罗斯御灾管理的中枢指挥系统。整个中枢指挥系统下设紧急情况部，是一个人员庞大、功能健全、机构复杂的组织机构，是俄罗斯社会危机管理的最高决策机构。中枢指挥系统掌管着军队、地方警察、紧急救援部队、应急物资等应急资源，能够从容应对各种自然和社会突发公共安全事件。

2. 完备的御灾管理立法体系

俄罗斯在御灾管理、应急管理等方面的立法主要集中在 20 世纪 90 年代，俄罗斯政府做了大量的调查、借鉴国外做法的工作后，结合本国的特点，依次通过了《关于保护居民和领土免遭自然和人为灾害法》（1994 年）、《事故救援机构和救援人员地位法》（1995 年）、《工业危险生产安全法》（1997 年）、《公民公共卫生和流行病医疗保护法案》（1999 年）、《紧急状态法》（2002 年）。通过以上法律规定了公民、事故救援机构、救援人员、政府部门、生产企业等主体的权利和义务关系，构筑起御灾管理法律体系[187]。

3. 全社会广泛参与

俄罗斯联邦的御灾管理体系称为“预防和消除紧急情况的统一国家体系”，该体系涵盖了俄罗斯联邦的自治共和国（22 个）、边疆区（9 个）、州（46 个）、自治州（1 个）、联邦直辖市（3 个）、民族自治专区（4 个）共计 85 个联邦主体。在御灾管理过程中，从日常备灾到预防预警、应急管理和灾后恢复等阶段，预防和消除紧急情况的统一国家体系规定了 85 个联邦主体各自的御灾职责和功能，最大限度地发挥社会力量和各个联邦主体的作用。

7.5 国际近海海洋资源开发御灾管理运行模式及对我国的启示

7.5.1 发达国家近海海洋资源开发御灾管理运行模式共同特点

随着人类社会的不断向前发展，陆地资源已经不能满足人类社会发展的需求，海洋资源开发必将是人类社会进一步发展可以充分依赖的资源之一。目前在世界范围内，各个沿海国家都不断加大海洋开发的力度，纷纷制订了海洋资源开发规划和海洋经济发展计划；绝大多数沿海国家开发的海洋资源集中在海洋生物资源、海洋矿产资源、海洋能资源、海水及海水化学资源、海洋旅游资源和海洋空间资源六大类；形成了海洋渔业、海洋油气业、海洋矿产业、海洋化工业、海洋生物医药等主要海洋产业，海洋信息服务业、海洋环境监测预报服务、海洋保险与社会保障业、海洋科学研究等海洋科研教育管理服务业，海洋农林业、海洋设备制造业、涉海建筑与安装业等海洋相关产业。开发海洋资源、发展海洋产业推动海洋经济不断发展，需要一个健康、稳定的环境。众所周知，海洋灾害是影响海洋经济发展的重要因素，世界沿海发达国家纷纷建立了保障海洋资源开发的御灾管理体系，海洋灾害御灾管理属于危机管理或者突发公共安全事件管理的范畴。根据上文所述，世界主要沿海发达国家在海洋灾害御灾管理方面积累了非常丰富的管理经验，从海洋灾害日常管理、监测预防预警到应急管理、救援救助、灾后恢复重建等形成了非常成熟的运行模式：美国模式注重“首长领导，中央政府协调，地方政府负责”；日本模式侧重于“行政首长指挥，综合机构协调，中央机构指定对策，地方政府负责实施”；俄罗斯模式倾向于“国家首脑为中枢，联邦会议为平台，相关部门为主力”[188，189]。

1. 海洋灾害御灾管理全方位、立体化、多层次

沿海发达国家基本建立了涵盖海洋灾害日常管理、过程管理、执法、医疗服务、科研力量、救援救助等在内的多维度、多领域的全方位综合御灾管理运行模式。御灾管理系统覆盖全国医疗卫生网络、国家应急行动中心、疾病监测报告中心等突发事件防范系统，形成了立体化、多层次的海洋灾害预防策略，充分利用军队、企事业单位、非营利性组织和社会公众等社会资源，高效应对各种突发海洋灾害，降低灾害对海洋资源开发的影响和破坏。

2. 海洋灾害御灾管理体系建设法制化

海洋灾害御灾管理体系的高效运行需要健全的法律制度作保障，美国、日本、俄罗

斯等国家均制定了海洋灾害救助、应急反应、灾后恢复重建等方面的法律。海洋灾害发生后，政府、公民、各相关组织局依据法律参与御灾。

3. 海洋灾害御灾管理机构常设化

常设的海洋灾害御灾管理机构是御灾管理的组织保障，美国的联邦应急管理局、英国的 COBR、日本的内阁危机管理中心、俄罗斯的联邦紧急情况部均是御灾管理常设机构，这些机构不仅负责海洋灾害的御灾管理，还负责其他自然灾害、突发公共安全事件的御灾管理。常设的御灾管理机构能够使得御灾管理工作更加常态化、规范化，降低御灾管理成本，提高管理效率[190-192]。

4. 海洋灾害御灾信息管理网络化、科技化

海洋灾害御灾管理过程中，信息畅通是保障御灾的前提条件。依据发达国家的管理经验，网络、通信、媒体是构建御灾管理信息系统必不可少的组成要素，计算机技术、信息技术、航空航天技术的发展是保障信息沟通的技术条件。通过管理信息系统能够把相关灾害信息及时传递给御灾相关方和社会公众。另外，构建御灾管理信息系统还需要建立海上大风、海浪、风暴潮等海洋灾害的数据库，并且随着御灾管理经验的积累不断完善海洋灾害数据库。

7.5.2　发达国家管理经验给我国的启示

1. 构建以行政首长负责多位一体的御灾管理体系

根据发达国家的御灾管理经验，海洋灾害御灾管理关键在于建立一个权威、高效、协调的指挥系统，指挥系统是整个御灾管理体系的中枢部分。通常来看，指挥系统需要最高国家领导层领导，代表了一个国家战略决策能力和危机应变能力。美国、日本、俄罗斯的中枢指挥系统，在发生突发事件的御灾管理过程中都是直接向总统负责的，保证了中枢指挥系统的权威性和高效性；中枢指挥系统在灾情评估、应急响应、抢险救灾、救援安置和灾后重建等环节有足够的权利协调气象、水利、地质、卫生、消防、安全生产监督、交通运输、新闻媒体等政府部门和社会行业。在当今，御灾管理逐渐成为发达国家的重要政治议题，各个国家均把御灾管理作为体现政府管理能力和应变能力的一个重要内容。

2. 纵向统一指挥、加强横向协作

海洋灾害御灾管理体系的管理效能体现在纵横两个方面，纵向指挥系统指令的执行力和横向各相关方的协作能力。根据世界各国的实践经验，在御灾管理过程中，会出现纵向指挥系统的指令层次过多和横向各相关方协作管理跨度太大的问题，要提高御灾管

理的效能，就必须很好地解决管理跨度和管理层次的问题。在纵向上，各发达国家一致的做法是分级管理，从中央或者联邦到地方分成三级或者四级，指挥命令经过三级或者四级就能够到达一线的作业层或者操作层；指挥系统在各层级设置垂直机构，或者充分利用地方政府的相关部门组建所需垂直机构，垂直能够在很大程度上加强指挥命令的执行力。在指挥层命令的正确性和可执行性没有任何问题的前提下，横向部门的协作主要取决于各个相关部门的协作熟练程度，因此统一管理层各个部门要不断加强相互之间的协作和协调，通过日常的演练、模拟不断提高协同作业能力。

3. 打造专业、高效的灾害救援救助队伍

灾害救援救助队伍属于专业性很强的实际操作性团队，一般由军队、武装警察部队、消防队等专业人员组成，经过统一的学习和实际操作训练后可用于实地灾害救援救助。世界上各发达国家均有数十万甚至几十万由专业人员组成的应急救援队伍，如俄罗斯就有由 40 多万人组成的应急救援部队。灾害救援队伍需要高素质的专业性强的人力资源，需要配备高水平的应急救援装备，需要可靠性强的技术保障措施，可以这样说，灾害救援救助队伍的水平是一个国家人力资源、科学技术水平和综合国力的体现，至少是从侧面反映了一个国家的综合实力。要打造属于自己的专业、高效的灾害救援救助队伍，必须要从科学理论和实践应用着手，重视应急救援技术的研发和专业人才培养体系的构建，不断储备应急人才，以备不时之需[193]。

4. 健全完善的法律体系是御灾管理的保障

健全完善的法律体系是御灾管理的切实保障。世界各发达国家均有非常完善的御灾管理法律体系，英国在灾害防御管理方面的法律法规建设有 100 多年的历史，各种灾害的防御管理立法非常健全完善；日本御灾管理方面的法律法规建设也有几十年的历史，有关自然灾害危机管理方面的法律法规多达 227 部。另外，美国和俄罗斯在 20 世纪 90 年代，自然灾害御灾管理方面的法律法规就已经非常完善。健全的法律体系是御灾行为的依据，是御灾管理科学化、规范化的保障。通过法律规范政府部门、相关组织和社会公众的一切应灾行为是最可靠的。

第 8 章　保障我国近海海洋资源开发的御灾管理实现路径

8.1　我国近海海洋资源开发御灾管理原则

美国、日本、俄罗斯等发达国家在海洋灾害御灾管理方面的先进经验和成熟做法值得我国借鉴，同时我国又有自己的海情和国情。我国近海海域面积非常广阔，有近 400 万平方公里的海域；近海的渤海、黄海、东海和南海各自的自然地理条件、气候条件、海洋资源禀赋差异性很大，各海域主要的海洋灾害不尽相同；另外各海域主要海洋资源开发活动有较大差异，加之海洋灾害对不同海洋资源开发的影响和破坏程度不同[194-196]，我们需要系统地慎重考虑海洋资源开发御灾管理工作。我国政府在海洋灾害御灾管理组织模式、运行模式和御灾管理对策制定方面要从我国海情、国情出发，坚持区域针对性原则、规划综合性原则、全面参与性原则和应对时效性原则。

8.1.1　区域针对性原则

我国海洋资源资源分布呈现出地域不平衡性，无论是近海的渤海、黄海、东海和南海 4 个海域，还是我国东部沿海 11 个省（自治区、直辖市），各个海域和行政区域在海洋生物资源、海洋矿产资源、海洋能资源、海水及海水化学资源、海洋旅游资源、海洋空间资源的分布上都是不平衡的。各个行政区域近海海洋资源开发程度相差很大，海洋生产总值及海洋生产总值占区域国内生产总值的比例也相差很大，2014 年我国海洋生产总值情况如表 4-6 所示。这是在海洋资源开发过程中御灾管理要考虑区域针对性的一方面原因，另外一方面原因来源于，我国近海海域面积广阔，受热带、亚热带、温带、亚寒带气候特点的影响，并且受到热带气旋、温带气旋、冷空气、寒潮等气象因素的影响。各种气候、气象影响因素综合作用使得我国近海各个海域的主要海洋灾害类别差异性很大，综合以上两个方面，我国在海洋灾害御灾管理过程中，对于省级或者同等级别的自治区、直辖市，要根据以上两个特点，不同行政区域要采取有针对性的御灾策略。

我国近海海洋开发区域差异性表现如表 8-1 所示。

表 8-1　我国近海海洋开发区域差异性表现

地区	2014 年海洋生产总值/亿元	主要海洋灾害	平均死亡人数（近 5 年）	平均直接经济损失（近 5 年）/亿元
广东	13 229.8	风暴潮、海浪	19.80	38.14
山东	11 288.0	风暴潮、海浪、海冰	0	8.14
上海	6 249.0	风暴潮、海浪	0	0.02
浙江	5 437.7	风暴潮、海浪、赤潮	15.80	17.79
福建	5 980.2	风暴潮、海浪、赤潮	10.20	23.83
江苏	5 590.2	风暴潮、海浪	2.20	1.60
天津	5 032.2	风暴潮、海浪、海冰	0	0.17
辽宁	3 917.0	风暴潮、海浪、海冰	0	1.86
河北	2 051.7	风暴潮、海浪、海冰	0	5.96
海南	902.1	风暴潮、海浪	12.60	9.87
广西	1 021.2	风暴潮、海浪	0	8.34

海洋生产总值是衡量某一行政区域海洋开发程度的综合指标，指标值越大，说明该区域海洋开发程度越高；主要海洋灾害通过分析国家海洋局历年发布的海洋灾害公报，计算各种海洋灾害造成的损失得出，这个指标是表示御灾管理要面对的对象之一；是平均死亡人数和平均直接经济损失灾害造成损失的具体表现。通过对表 8-1 中我国东部沿海 11 个省（自治区、直辖市）海洋开发情况对比可以得出，上海市是我国沿海海洋资源开发程度较高，并且海洋灾害御灾管理做得最好的行政区域，其他 10 个行政区域都需要在海洋资源开发过程中，加强海洋灾害御灾管理，采取更有针对性的御灾策略[197]降低从业人员伤亡和直接经济损失。

8.1.2　规划综合性原则

我国东部沿海 11 个省（自治区、直辖市）各自编制了本行政区“海洋经济发展规划”，部分沿海地级市、沿海县也编制了本行政区域的“海洋经济发展规划”。2008 年以来，我国在海洋开发领域坚持走科学规划、综合规划开发的道路更加坚定，在这一时期，国务院批复了一系列国家及战略规划，如《珠江三角洲地区改革发展规划纲要》（2008 年），《关于支持福建省加快建设海峡西海岸经济区的若干意见》（2009 年 5 月）这些发展海洋经济的规划覆盖了我国东部沿海的 11 个省（自治区、直辖市），体现了国家规划发展海洋经济、开发海洋资源的综合性。在开发海洋资源过程中，御灾管理是为了保障海洋资源开发活动的顺利进行，因此，各个行政区域的御灾管理要结合该区域的海洋经济发展规划的特点，采取综合性强的御灾管理对策[198-202]。

8.1.3　全面参与性原则

海洋资源开发御灾管理需要中央到地方各级政府相关部门、企事业单位等组织和社会公众的广泛参与。其中，政府相关部门的管理是主导，社会企事业单位既是海洋资源开发开发的主体又是海洋灾害影响和破坏的对象，社会公众是海洋资源开发活动的直接受益者和参与者。参照国外发达国家海洋资源开发的管理经验，政府主管部门要建立一整套完善的御灾管理模式，从法律保障、专业救援救助队伍培养、先进的技术和救援装备等方面逐一完善，而且要不断提高纵向管理执行效率，加强横向部门之间的协作。海洋资源开发相关组织和社会公众需要积极响应政府领导，使海洋灾害对海洋资源开发的影响和破坏程度降到最低限度。

8.1.4　应对时效性原则

海洋灾害的发生和发展有一定的规律性，也存在很大的不确定性。通过现有的科学技术手段基本能够实现对海洋气象灾害的实施监测，监测结果能够在第一时间通过网络、通信和其他媒介传递给相关部门和社会公众，各相关方基本可以实现提前做好御灾准备。实现应对海洋灾害的时效性，一是要通过宣传教育不断提高涉海相关人员的安全意识和自我保护意识，不断提高社会公众的防灾御灾意识。通过国家海洋局历年海洋灾害公报可以看出，越是很剧烈很严重的海洋灾害，虽然会造成很严重的直接经济损失，但是往往造成的人员死亡（失踪）数量很少，甚至是没有。这一点充分说明，重大海洋灾害能够引起人们的足够重视和关注，相反对不是很严重的海洋灾害，如海上大风和海浪灾害，往往造成的人员死亡（失踪）数量是最多的，远远大于风暴潮造成的人员死亡（失踪）数量。因此，需要不断加强涉海就业人员和社会公众的安全意识和自我保护意识。

海洋灾害发生以后，政府相关部门要在第一时间展开救援行动，启动灾害应急预案。救援部队要在第一时间赶赴灾害现场，救助受灾者、防止灾害影响进一步扩大并且使得灾害损失降到最低。

8.2　我国近海海洋资源开发御灾管理模式及优化

8.2.1　我国近海海洋资源开发御灾管理模式

御灾管理需要建立完善高效的管理体系，御灾管理体系是一个十分庞大的社会系统工程，御灾管理最根本的特点是综合性、协调性和全过程性，因此御灾管理体系涉及一个国家几乎所有的行业、政府职能部门和社会公众。政府职能部门、军队、NGO、企业和社会公众是御灾管理的主体，通过管理主体有效的管理为全社会提供公共产品-公共安全；御灾管理的客体共有四大类：自然灾害、事故灾难、公共卫生事件、社会安全事件；另外，御灾管理属于全过程管理，包括日常管理工作、事件发生之前的预防预警、事件发生过程中的控制和事后恢复重建等阶段。

我国针对自然灾害、突发公共安全事件等实施御灾管理有明显的分类管理的特点。自然灾害主要由水利部、民政部、国土资源部、中国地震局、国家林业局等中央部门进行管理，主导自然灾害的御灾管理工作；事故灾难主要由国家安监总局、交通运输部、国家铁路局、住房和城乡建设部等中央部门进行管理，主导事故灾难的御灾管理工作；公共卫生事件主要是由国家卫生和计划生育委员会和农业部进行管理，主导公共卫生事件的御灾管理工作；社会安全事件主要由公安部、中国人民银行、国务院新闻办、国家粮食局、外交部等中央部门进行管理，主导社会安全事件的御灾管理工作。我国的御灾管理是政府主导下的多种力量合力应对灾难的模式，有专家学者称这种模式为“拳头模式”，即中央政府、地方政府、军队、社会团体、企业、事业单位、社会公众、国际救援组织等在政府的领导或者主导下发挥合力应对灾难。“拳头模式”表明御灾管理过程中必须有一个强有力的、权威的政府领导、指挥与组织协调，广泛调动一切可以调动的力量，快速高效地应对一切困难[203]。

海洋资源开发过程中的海洋灾害御灾管理也属于我国御灾管理体系中的一部分，随着近年来海洋资源开发的加剧和海洋经济的不断发展，抵御海洋灾害降低灾害损失，保障海洋资源开发的正常进行越来越重要。我国海洋灾害御灾管理主导部门是国家海洋局，2013 年 3 月，第十二届全国人民代表大会第一次会议审议通过《国务院机构改革和职能转变方案》，该方案重组国家海洋局。重组之后的国家海洋局是在原国家海洋局的基础上，合并了中国海监、公安部边防海警、农业部中国渔政、海关总署海上缉私警察 4 个部门，仍然隶属于国土资源部管理。重组之后的国家海洋局明显整合了原有海洋主管部门的力量，形成统一管理部门，能够更好地解决海洋开发过程中面对的问题。近海海洋资源开发过程中的御灾管理也属于国家海洋局主管，国家海洋局下设 13 个局部门，海洋环境保护司、政策法规和规划司、海洋科学技术司、海洋预报减灾司及国家海洋局下属的国家海洋信息中心、国家海洋环境预报中心；以上国家海洋局的 6 个部门是海洋灾害御灾管理的主管部门，负责海洋灾害日常御灾管理及海洋灾害监测预测、海洋灾害应急管理，还包括海洋灾害发生后救援救助和灾后恢复重建等工作。国家海洋信息中心和海洋环境预报中心负责海洋信息的观测、监测、预报，并且定期发布海洋灾害信息和海洋环境信息。

8.2.2 我国近海海洋资源开发御灾管理模式优化

实现国民经济健康、稳定的持续发展，首先要做好防灾减灾工作，不断提升抵御自然灾害、突发公共安全事件的能力。御灾管理作为防灾减灾的重要手段，涵盖了各种灾害和突发事件的日常管理工作、预防与应急准备工作、监测与预警工作、应急处置与救

援工作、灾后恢复与重建工作；御灾管理机制包括灾害应急机制、灾害预防机制、灾害预警机制、御灾反应机制和灾害控制机制；形成了全灾种、全过程、全方位、全天候、全人员和全社会的御灾管理体系。借鉴美国、英国、日本、俄罗斯等国自然灾害管理和突发公共安全事件管理的御灾管理模式，结合我国现阶段海洋开发管理的国情和海情，我国在近海海洋资源开发御灾管理模式上还需要进一步优化[204]。

1. 进一步提高海洋资源开发管理部门的权威性，不断优化海洋灾害御灾管理机制

美国的联邦应急管理局、英国的 COBR、俄罗斯的联邦紧急情况部等都是御灾管理的权威部门，这些国家不仅建立了非常完善的御灾管理体系，而且赋予御灾管理主管部门的权力很大，在紧急状态下主管部门都是直接向总统负责，接受总统的授权，其他相关部门要密切配合御灾主管部门的工作。我国经过重组国家海洋局，也赋予其更大应对突发事件的能力，但是要进一步提高御灾管理的效率，尚需进一步优化管理机制。尤其是在遇到海洋灾害、突发情况，应当建立更加高效、直接的管理路径，使得主管部门能够调动更多的应急资源，充分全面的应对各种风险。

2. 加强海洋资源开发立法工作，完善海洋灾害应对法律体系

在应对自然灾害方面，我国已经形成了较为完善的法律体系。由《中华人民共和国防洪法》《中华人民共和国气象法》《中华人民共和国防震减灾法》《中华人民共和国防沙治沙法》《中华人民共和国突发事件应对法》等法律；《地质灾害防治条例》《中华人民共和国抗旱条例》《海洋石油勘探开发环境保护管理条例》《人工影响天气管理条例》《军队参加抢险救灾条例》等行政法规；部门规章和地方性规章等组成。另外，我国还制定了御灾管理应急预案，应急预案分为总体预案、专项应急预案和部门预案；总体预案又分为国家应急总体预案、省级应急总体预案、国务院部门总体预案和国家专项总体预案。总体预案包括《国家防汛抗旱应急预案》《国家突发公共事件总体应急预案》等；专项应急预案包括《国家自然灾害救助应急预案》《国家地震应急预案》《国家防汛抗旱应急预案》《国家突发地质灾害应急预案》等；部门预案包括《草原火灾应急预案》《赤潮灾害应急预案》《海浪、风暴潮、赤潮灾害应急预案》等。因此，我国已基本建立了较完善的自然灾害和突发事件法律体系，但是从总体上看，我国的御灾管理法律体系中比较注重灾前预防，这一方面的法律法规和应急预案较多；而对于灾后恢复重建、灾后责任追究方面的法律法规较少，尤其是在海洋灾害应对方面的法律法规就更不足了。所以，我国需要进一步完善自然灾害管理立法，尤其是要完善海洋灾害应对方面的立法，切实保障海洋资源开发顺利进行。

3. 打造更加专业、高效的御灾救援救助队伍

灾害发生以后，专业高效的御灾救援救助队伍发挥着至关重要的作用。从一般的自

然灾害到破坏力极大的自然灾害，从突发公共安全事件到特殊灾害或灾难，专业高效的救援救助队伍总要在第一时间赶赴事件现场，开展救援救助工作，对于降低事件损失和减少人员伤亡发挥了巨大作用。美国、俄罗斯、日本等国都有自己人数众多的专业高效的救援救助队伍，其中俄罗斯的救援救助队伍规模很大，接近 50 万人。我国非常需要打造一支自己的专业化程度高、应变迅速、能力出众的高效救援救助队伍。纵观以往面对的自然灾害，从 1998 年抗洪到 2003 年的抗击 SARS，再到 2008 年全国人民共同面对的汶川大地震，面对这些灾害或灾难，冲在抗击灾害第一线的是解放军战士，有的战士甚至付出了年轻的生命。面对灾害和灾难，我们需要解放军的钢铁意志和不屈不挠的战斗精神，但是我们更加需要专业的应灾知识、先进的技术装备、完备的专业人员配备和高效的团队协作。

4. 完善海洋灾害管理信息系统，实现更加高效、流畅的灾害信息交流

纵观发达国家御灾管理模式和我国的御灾管理历程，在御灾管理过程中有两个流特别重要，即物质流和信息流。物质流是衡量人员、应急物质的流通效率，信息流是衡量灾害信息及其他相关信息的传递情况。要保证信息流的准确、高效传递，就必须建立完善的海洋灾害管理信息系统。美国的国家灾害应急网络，日本的内阁情报中心，俄罗斯的危机控制中心都属于专门应对自然灾害和突发公共安全事件的信息管理机构，建立有完善的管理信息系统，配备有高、精、尖、新的具备信息收集、分类、处理、分析、传递等功能的设备，并且有专业人员负责日常和紧急状态下的信息管理工作。我国也需要结合国情不断完善海洋灾害管理信息系统，从专业人员、设备设施、信息管理流程等方面进一步优化，不断提升灾害信息和管理信息的传递效率，保障紧急状态下的御灾管理工作。

5. 注重海洋科技人才培养，加强海洋科技研发，应用新技术解决御灾管理过程中面临的问题

充分利用高等院校和科研院所等优质高等教育资源，注重海洋科技、海洋管理、海洋法律等方面人才的培养。根据海洋开发的需要和海洋经济发展的需求，设立相关科研课题，充分利用海洋类优势院校和科研院所进行研究，并把相关科研成果及时转化为现实生产力，应用高新技术解决海洋开发过程中遇到的技术问题，运用先进的管理模式实现海洋资源高效开发。

8.3 我国近海海洋资源开发御灾管理实现路径

本书第二章研究了我国近海海洋资源的分布情况，我国近海主要海洋资源的开发利

用情况；分析了我国主要海洋灾害的时空分布规律及灾害链的特点；然后系统分析了海洋灾害影响近海海洋资源开发的致灾机理，根据海洋灾害的致灾机理，构建了海洋灾害影响我国近海海洋资源开发的定性测度分析指标体系；建立了海洋灾害影响我国近海海洋资源开发的定量测度模型。根据收集到的我国部分海域海洋观测站的实测海况资料，进行数据分类处理得到主要海洋灾害的计算样本，运用建立的定量测度模型得到了致灾因子的计算结果；把致灾因子的计算结果代入定性分析指标体系，最终得到主要海洋灾害影响我国海洋资源的开发的风险情况。根据海洋灾害影响我国近海海洋资源开发的风险大小，结合发达国家在海洋资源开发管理方面的经验，从海洋灾害日常防御、御灾管理事前预测预报、海洋灾害发生事中控制和灾害之后恢复重建 4 个方面寻求保障我国近海海洋资源开发的路径。

8.3.1 海洋灾害日常防御

海洋灾害日常防御要求从中央到地方要做好一系列的防御工作。我国海岸线南北跨度非常大，导致各个沿海省份海洋灾害地域差异性明显，加之各地海洋资源开发活动差异性的重叠，在做海洋资源开发过程中的御灾管理工作就要因地制宜、因时制宜。海洋灾害日常防御工作具体包括：不断完善、优化御灾管理流程和模式，构建海洋灾害数据库，培训相关涉海行业从业人员，向社会公众宣传海洋知识，普及海洋科学知识。

1. 完善和优化海洋灾害御灾管理流程和模式

2013 年 3 月，第十二届全国人民代表大会第一次会议审议通过《国务院机构改革和职能转变方案》，重组了国家海洋局；在原国家海洋局的基础上，合并中国海监、公安部边防海警、农业部中国渔政、海关总署海上缉私警察 4 个部门；重组之后的国家海洋局明显整合了原有海洋主管部门的力量，基本结束“九龙治海”的局面，形成统一管理部门，能够更好地解决海洋开发过程中面对的问题。新国家海洋局是海洋开发、海洋管理的权威部门，无论是从海洋资源开发御灾管理，还是针对海洋灾害防灾减灾，权威主管部门都需要借鉴发达国家的海洋管理经验，不断完善和优化海洋灾害御灾管理流程和管理模式。通过优化御灾管理流程和管理模式，达到提高御灾管理效率的目的。

完善和优化海洋灾害御灾管理流程和管理模式是一个循环往复、螺旋式上升的过程。在这一过程中，我们要借鉴国外的成熟经验和先进做法，更要结合我国自身的国情和海情。通过计划、执行、检查、分析和调整这样的流程作为一个循环，在中央到地方的纵向路径和同一管理层级各个部门的横向路径两条路径上实施上述循环；每实施一次循环经过计划、执行、检查、分析和调整之后，都需要提高纵向和横向的管理效率、协作效率、沟通效率；每一次循环都是一个提高的过程。

2. 开放完善的海洋灾害数据库

要做好海洋资源开发过程中的御灾管理工作，必须根据现在我国近海海洋资源开发的格局、海域利用类型等的不同，综合考虑主要海洋灾害的分布之后，得到国家层面上的御灾管理策略。国家海洋局已经建立了海洋灾害数据库，为了能够更好地应对海洋灾害，我们需要一个更加开放、完善、共享的数据平台，特别是在海洋资源开发活动日益普遍，海洋开发日益深入的今天，我们需要考虑海洋灾害对每一类海洋资源开发活动、每一类海洋产业的影响情况。目前，国家海洋局的海洋灾害数据库还很难做到这一点，不用说是社会公众，就是高等院校、科研院所也很难得到第一手的实测海况资料。这不利于海洋灾害防御，也不利于海洋资源开发活动的开展。

3. 海洋灾害御灾管理需要因地制宜、因时制宜

海洋灾害御灾管理需要因地制宜、因时制宜是指我国东部沿海的各省（自治区、直辖市）在充分落实国家海洋管理统一的政策、命令、措施的情况下，结合本行政区域海洋灾害的特点和海洋资源开发的特点，真正做到管理对策、御灾策略因地制宜、因时制宜。表 8-2 统计了我国沿海地区海洋生产总值及百亿元产值死亡率情况，表 8-3 统计了我国沿海地区直接经济损失占海洋生产总值的百分比情况，根据这两个表，结合我国东部沿海 11 个省（自治区、直辖市）的实际情况，主要在减少直接经济损失和降低百亿元产值死亡率两个方面采取针对性的措施，保障海洋资源开发更加顺畅地进行。

表 8-2 我国沿海地区海洋生产总值及百亿元产值死亡率

地区	2014 年海洋生产总值/亿元	百亿元产值死亡率
广东	13 229.8	0.149 7
山东	11 288.0	0
上海	6 249.0	0
浙江	5 437.7	0.290 4
福建	5 980.2	0.170 6
江苏	5 590.2	0.039 4
天津	5 032.2	0
辽宁	3 917.0	0
河北	2 051.7	0
海南	902.1	1.396 9
广西	1 021.2	0

表 8-3 我国沿海地区直接经济损失占海洋生产总值的百分比

地区	2014 年海洋生产总值/亿元	直接经济损失占海洋生产总值的百分比/%
广东	13 229.8	0.288 3

续表

地区	2014 海洋生产总值/亿元	直接经济损失占海洋生产总值的百分比/%
山东	11 288.0	0.072 1
上海	6 249.0	0.000 3
浙江	5 437.7	0.327 2
福建	5 980.2	0.398 5
江苏	5 590.2	0.028 6
天津	5 032.2	0.003 4
辽宁	3 917.0	0.047 5
河北	2 051.7	0.290 5
海南	902.1	1.094 2
广西	1 021.2	0.816 8

其中，海南省的问题最为突出，海南是海洋生产总值最低，百亿元海洋产值死亡率最高，且直接经济损失占海洋生产总值比例最高的省份。所以，海南省需要结合自身特点，不断加大海洋资源开发的广度和深度，同时要做好御灾管理工作，通过采取针对性的措施，不断降低百亿元海洋产值死亡率和直接经济损失占海洋生产总值比例。福建省主要是降低百亿元海洋产值死亡率和直接经济损失占海洋生产总值比例。广西壮族自治区是我国沿海海洋生产总值较低，百亿元海洋产值死亡率较高，且直接经济损失占海洋生产总值比例较高的省份，采取的管理对策主要是结合自身特点，不断加大海洋资源开发的广度和深度，同时要做好御灾管理工作，通过采取针对性的措施，不断降低百亿元海洋产值死亡率和直接经济损失占海洋生产总值比例。浙江、江苏、广东 3 省海洋开发利用程度较高，主要是需要不断降低百亿元海洋产值死亡率和直接经济损失占海洋生产总值比例，巩固海洋开发的成果。辽宁、河北两省需要采取综合性措施，一方面不断加大海洋开发的力度，另一方面不断降低海洋灾害造成的损失。上海、天津、山东在海洋开发、御灾管理两个方面做得都比较好，不仅发挥了自身的区位优势、海洋资源禀赋，使得海洋生产总值较高，而且百亿元海洋产值死亡率和直接经济损失占海洋生产总值比例都很低，保证了海洋经济发展成果得到巩固。

4. 加大宣传、教育培训力度和普及程度

不断加大对海洋渔业、海洋油气业、海洋电力业、海洋船舶工业、海洋工程建筑业、海洋交通运输业等主要海洋产业，海洋信息服务业、海洋环境监测预报服务、海洋地质勘查业等海洋科研教育管理服务业，以及海洋相关产业中在海洋环境现场工作，或者环境暴露程度较高的作业人员的教育培训。通过职业教育、宣传、培训，不断提高以上涉海作业人员的安全意识和自我保护意识。另外，利用各种媒体、报纸等，普及海洋基础知识，做好海洋科普宣传，不断提高社会公众的海洋意识。

8.3.2 御灾管理事前预测预报

1. 高效准确的海洋灾害预测预报预警体系

影响我国近海海洋资源开发的主要海洋灾害是风暴潮、海浪、海上大风3种海洋灾害，其中风暴潮是造成我国海洋经济损失最大的海洋灾害；海浪是造成我国人员死亡（失踪）最多的海洋灾害；海上大风是引发风暴潮、海浪等海洋气象灾害的根源。另外，有些年份北方海域的海冰灾害也不容忽视，如2012年12月～2013年2月下旬，渤海和北黄海的海冰灾害是近25年来最严重的。所以，海洋灾害预测、预报和预警主要是对以上海洋灾害。通过气象卫星对各种海洋灾害实施实时监测，不断反馈实时数据，然后通过对数据处理得到结果，完成准确的预测和预报。另外，利用先进的设备和技术，在海洋灾害发生前做好海洋灾害的预警工作。

2. 运用多种媒介，提高信息传递效率

充分利用电视、广播、网络、通信等媒介和渠道，及时发布即将发生海洋灾害的时间、地点、强度等重要信息，并提醒相关海洋资源开发活动的从业人员需要做的御灾管理工作。从目前来看，我国在灾前御灾信息发布、预警信息发布方面，发布的准确程度、发布效率还有待于进一步提高。

3. 动员近海海洋资源开发相关人员做好御灾准备

海洋渔业、海洋油气业、海洋电力业、海洋船舶工业、海洋工程建筑业、海洋交通运输业等主要海洋产业，海洋信息服务业、海洋环境监测预报服务、海洋地质勘查业等海洋科研教育管理服务业的相关单位和从业人员，在接到相关预警信息、灾害信息后，要结合自身的情况，切实做好应对即将到来的海洋灾害的准备。涉海行业的从业人员要从思想上、心理上充分重视，切记不可掉以轻心；政府主管部门要及时做好企业和从业人员的思想工作。

4. 做好近海海洋资源开发现场的御灾工作

海洋渔业、海洋油气业、海洋电力业、海洋船舶工业、海洋工程建筑业、海洋交通运输业等主要海洋产业，海洋信息服务业、海洋环境监测预报服务、海洋地质勘查业等海洋科研教育管理服务业的工作现场要做好充分的御灾准备工作。根据海洋灾害的发生的时间、地点和强度等情况，做好现场的防御工作，如有必要，需转移相关海洋资源开发机械设备和相关作业人员，确保万无一失。

8.3.3　御灾管理事中控制

1. 迅速控制灾情，防止灾害进一步扩大

我国主要海洋灾害发生后持续时间一般不长，大多数情况是灾害持续时间在数十分钟到百余小时，所以说从海洋灾害发生到结束时间较短。表 8-4 介绍了我国主要海洋灾害的时空基本特征。基于这样的灾害特征，海洋灾害发生过程中，政府相关部门要立即按照预案展开应对。在事前预防的基础上，针对出现的突发问题和状况，马上采取有针对性的应对措施。海洋灾害发生过程中，采取应对措施或者实施应急预案都要根据灾害情况，在充分保证作业人员安全的条件下，稳妥地按照预案进行。

表 8-4　我国近海主要海洋灾害的时空基本特征

灾害类型	衡量尺度		发生频率和特点
	时间尺度	空间尺度	
台风风暴潮	数十分钟至数十小时	数十至数千余千米	显著灾害每年 2.46 次，严重和特大灾害 2～3 年一次
温带风暴潮	数十分钟至数十小时	数十至数千余千米	显著灾害每年 1.29 次，严重灾害 15～20 年一次
海浪	数小时至数十、百余小时	数百至数千余千米	1990～2010 年造成显著损失灾害 113 次，严重、特大海难事故 20 余次

2. 迅速高效的救援救助

灾害发生以后，救援救助队伍需要在第一时间进入灾害现场，按照预案或者计划开展救援救助工作。救援救助队伍必须由专业人员组成，救助队员必须事先经过严格的选拔和培训，考核合格后方可进行相关工作；救援救助队伍需要配备先进的、专业装备，应用先进的技术手段展开救援救助。在异常严峻、恶劣的条件下，救援救助队伍还负责和外界保持联系，及时传递相关灾害信息。我国在迅速高效的救援救助方面还有较大的提升空间。

3. 应急物资及时、准确的供应

灾害发生后，用于应急救援的食品、药品、消毒卫生用品等生活用品，需要按照应急预案通过海运、陆运和空运等多种途径及时运抵灾害现场。应急物资起到保障灾区人民群众和相关人员的正常生活、保证他们生命财产安全的作用，必须及时、足量供应。

4. 防止次生灾害的发生

一般来说，重大灾害、特别重大灾害或者罕见特别重大灾害发生以后，往往会改变孕灾环境和承灾体的物理特性，导致次生灾害的发生。因此，重大及以上等级的海洋灾害发生以后，相关管理部门需要预防海洋资源开发设施的坍塌、山体滑坡、泥石流等次生灾害。另外，在御灾管理过程中，也需要时刻预防次生灾害带来的危害。

8.3.4 御灾管理事后处置

1. 尽快恢复海洋资源开发活动

海洋灾害的发生往往使海洋资源开发现场遭受不同程度的破坏和损坏，灾害过后在能够充分保证作业人员安全的前提下，需要安排作业人员清理现场，在清理过程中作业人员需要注意人身安全，同时要避免再次造成损失或者破坏环境。现场清理完成后，查看生产设施、生活设施是否遭到了破坏，如果破坏情况出现，需要修整恢复后才能使用；还需要调试相关机械设备运转，运转正常后方可按照计划进行生产。一般来说，海洋渔业、海洋油气业、海洋电力业、海洋船舶工业、海洋工程建筑业、海洋交通运输业等主要海洋产业，海洋信息服务业、海洋环境监测预报服务、海洋地质勘查业等海洋科研教育管理服务业的工作现场遭受海洋灾害破坏后，恢复到正常生产所需时间有一定的差异性。尤其像海洋油气开采、海洋工程施工等恢复生产需要的时间较长，但是一定要达到正常生产所需的条件后才能开工。

2. 相关涉海作业人员交流御灾管理经验

每次海洋灾害成功应对以后，作为政府、企业和其他相关组织的管理都需要及时总结海洋灾害御灾管理工程中成熟的做法和不足之处。每次灾害是对相关方御灾能力的一次检验，作为管理者要及时发现御灾过程中的不足，通过修改应急预案或者采取其他相关措施来弥补。这样每次海洋灾害以后，相关方的御灾能力就会有一定程度的提高，经过长期御灾管理经验的积累，最终达到海洋灾害过程中“零伤亡”，甚至达到“零损失”的目标。

3. 不断总结完善提高

海洋渔业、海洋油气业、海洋电力业、海洋船舶工业、海洋工程建筑业、海洋交通运输业等主要海洋产业，海洋信息服务业、海洋环境监测预报服务、海洋地质勘查业等海洋科研教育管理服务业，以及海洋相关产业都有各自产业的特点，在御灾日常管理过程中，每个行业中的企业按照各级政府的要求制定本企业的应急管理、应急救援预案，并组织定期演练。但是真正应对海洋灾害的时候，仍然会遇到很多问题。御灾管理需要严谨、准确的科学知识作为支撑，同时也需要丰富、广博的实践经验作为指导。这两方面在御灾管理过程中缺一不可，一个良好的御灾管理者需要既有全面的科学知识又有丰富的实践经验。另外，同一产业的政府管理部门，要经常组织产业内的企业交流御灾管理经验，使各个企业在学习和实践中不断提升驾驭灾害的能力。

第9章 结 语

9.1 研究结论

笔者研究了我国近海海洋资源分布情况，我国近海主要海洋资源的开发利用和相关海洋产业发展情况；分析了我国主要海洋灾害的时空分布规律及灾害链的特点；然后系统分析了海洋灾害影响近海海洋资源开发的致灾机理，根据海洋灾害的致灾机理，构建了海洋灾害影响我国近海海洋资源开发的定性测度分析指标体系，建立了海洋灾害影响我国近海海洋资源开发的定量测度模型。根据收集到的我国部分海域海洋观测站的实测海况资料，进行数据分类处理得到主要海洋灾害的计算样本，运用建立的定量测度模型得到了致灾因子的计算结果。在定性测度分析指标体系中，运用诸多综合评价方法确定各个指标的数值和对应权重的数值，并一同把致灾因子的计算结果代入定性分析指标体系，最终得到主要海洋灾害影响我国海洋资源开发的风险情况。根据海洋灾害影响我国近海海洋资源开发的风险大小，结合发达国家在海洋资源开发管理方面的经验，从海洋灾害日常防御、御灾管理事前预测预报、海洋灾害发生事中控制和灾害之后恢复重建4个方面寻求保障我国近海海洋资源开发的路径。经过理论架构和实证检验，得出主要研究结论如下。

1. *界定了海洋灾害影响近海海洋资源开发的内涵*

海洋资源开发属于人类开发利用自然资源、改造自然界的生产活动。近海海洋资源开发涵盖了海洋生物、海洋矿产、海洋石油天然气、海洋旅游、海水及水化学、海洋空间等资源；近海海洋资源开发受到海洋气象灾害、海洋地质灾害、海洋生态灾害等海洋灾害的影响。本书主要分析了海上大风、海浪、风暴潮等海洋气象灾害对近海海洋资源开发的影响。海上大风是造成海洋气象灾害的根源，是导致海浪灾害和风暴潮灾害的直接原因，因此掌握海上大风灾害发生的时间空间规律是测度海洋灾害影响近海海洋资源开发的关键。海洋气象灾害除了影响正常的海洋资源开发活动，还会造成程度不同的人员伤亡和财产损失。其中，风暴潮灾害是导致直接经济损失最严重的海洋灾害，海浪灾害是造成人员伤亡最严重的海洋灾害。

2. 剖析得出海洋灾害影响近海海洋资源开发的致灾机理

海洋灾害对近海海洋资源开发的影响主要表现在 3 个方面：致灾因子、孕灾环境和承灾体。笔者除了分析以上 3 个方面的影响，还考虑了不同区域的御灾能力。致灾因子是由海洋灾害本身决定的，致灾因子越大，往往对海洋资源开发活动的影响就越大，海洋灾害的破坏力就越大，可以通过模型定量计算致灾因子的大小；孕灾环境主要是由海域环境和近岸自然地理环境决定的，可以通过一系列指标定性分析孕灾环境对海洋灾害的放大或缩小作用；承灾体脆弱性由海洋资源开发的类型状况决定，不同类别的海洋资源开发受灾害影响的程度有很大差异性，可以通过一系列定性指标进行分析。另外，区域御灾能力也会影响海洋灾害的破坏程度，区域御灾能力越强，灾害的破坏程度会显著降低，反之则反。

3. 构建海洋灾害影响近海海洋资源开发定量测度模型，并利用模型计算得出致灾因子的破坏强度

海洋灾害影响近海海洋资源开发的定量测度模型构建考虑了灾害对开发活动影响的程度大小，分为一般影响、重大影响、特大影响和罕见特大影响 4 个等级，通过设定模型中海洋灾害重现期的大小来实现，重现期越大表示灾害造成的破坏越严重，灾害发生的概率越小。通过模型可以计算出某种海洋灾害的致灾因子在不同时间、空间范围内对海洋资源开发的破坏强度。

4. 构建海洋灾害影响近海海洋资源开发定性测度体系，并利用测度体系分析出海洋灾害的致灾风险

海洋灾害影响近海海洋资源开发定性测度体系考虑了致灾因子强度、孕灾环境差异、承灾体脆弱性、区域御灾能力 4 个方面；建立涵盖致灾因子强度大小、海域状况、近岸地质类型、地势绝对高度、地形起伏程度、近岸河网密度、海域使用类型、人口密度、单位海域 GDP、近岸地区生产设施的防灾能力、近岸地区房屋的防灾能力、近海御灾设施完善程度、单位海域财政收入、交通疏散能力、涉海从业人员人均收入 15 项衡量指标。通过定量测度的结果和经过综合评价方法分析出的定性指标值及权重系数，定性分析出海洋灾害影响近海海洋资源开发活动的风险大小。

5. 以山东近岸南海、黄海的海洋观测站海况资料验证了测度体系的测度效果

定量测度模型需要输入详细的数据资料，定性分析指标体系则可以根据我国东部沿

海 11 个省（自治区、直辖市）的海况特点、经济社会发展程度进行综合评价分析。笔者选取了山东近岸南海和黄海的海洋观测站的海况资料，经过数据分类处理，形成不同测度样本，输入定量测度模型，最终得到该海域海洋灾害影响海洋资源开发的破坏强度。根据山东近岸南海和黄海海域状况、自然地理特点和经济社会发展程度，经过专家打分确定各个定性指标的大小，运用综合评价方法得到各个指标的权重系数，然后代入整个指标体系得到海洋灾害影响该海域海洋资源开发的风险情况。根据不同时间段致灾风险的大小和特点，采取有针对性的御灾措施。

6. 归纳总结发达国家海洋资源开发御灾管理的经验

世界主要沿海发达国家在海洋灾害御灾管理方面积累了非常丰富的管理经验，从海洋灾害日常管理、监测预防预警到应急管理、救援救助、灾后恢复重建等形成了非常成熟的运行模式。在总结美国、英国、俄罗斯、日本 4 国在海洋资源开发和海洋灾害防御方面的做法和成功经验后，得出发达国家在海洋资源开发御灾管理方面的共同特点：海洋灾害御灾管理全方位、立体化、多层次；海洋灾害御灾管理体系建设法制化；海洋灾害御灾管理机构常设化；海洋灾害御灾信息管理网络化、科技化。结合我国国情和海情，在海洋资源开发御灾管理方面我们需要：构建以行政首长负责多位一体的御灾管理体系；纵向统一指挥、加强横向协作；打造专业、高效的灾害救援救助队伍；健全完善法律体系。

7. 最终得到保障我国近海海洋资源开发的实现路径

我国政府在海洋灾害御灾管理组织模式、运行模式和御灾管理对策制定方面要从我国海情、国情出发，坚持区域针对性原则、规划综合性原则、全面参与性原则和应对时效性原则，不断优化现有海洋灾害御灾管理模式，提高管理效率。根据海洋灾害影响我国近海海洋资源开发的风险大小，结合发达国家在海洋资源开发管理方面的经验，从海洋灾害日常防御、御灾管理事前预测预报、海洋灾害发生事中控制和灾害之后恢复重建 4 个方面寻求保障我国近海海洋资源开发的路径。

9.2 研究创新之处

1）现有的海洋灾害影响近海海洋资源开发方面的研究多集中在定性测度研究方面，对海洋灾害的影响范围、造成的经济损失大小、人员伤亡程度等进行定性测度分析，且对某种单一海洋灾害（风暴潮、海浪、海冰、赤潮等）研究的较多。对海洋灾害影响近海海洋资源开发的定量研究较少且大多缺乏对社会人文系统的考虑，主要集中研究海洋灾害本身。本书在对我国近海海洋灾害影响海洋资源开发致灾机理剖析的基础上，结合极值理论、数理统计方法、综合评价方法和灾害链理论，建立针对海洋灾害对海洋资源开发影响程度测度的定量测度模型和定性测度指标体系。定量测度模型可以测度海洋大风、海浪、风暴潮等海洋灾害的致灾因子强度，凡是能够定量反映致灾因子强度的海洋灾害，都可以建立样本，输入模型计算并得到计算结果；定性分析测度指标体系结合我国近海海洋资源开发的特点，设定了包含致灾因子强度、海域利用类型、海洋资源开发生产设施御灾性能在内的 15 个指标，通过专家打分等一系列综合评价方法，得到定性指标的指标值，并且把定量计算得出的致灾因子强度值代入定性分析指标体系，最终得到海洋资源开发过程中不同时间段海洋灾害致灾风险的大小。运用定性分析—定量计算—定性分析研究思路，根据我国沿海海洋观测站的海况点数据、国家海洋局公布的海况面数据形成不同样本，从致灾因子强度、孕灾环境差异性、承灾体脆弱性、区域御灾能力差异性 4 个方面综合地定量、定性测度各种海洋灾害对海洋资源开发的破坏程度和致灾风险大小。

2）海洋灾害对近海海洋资源开发的影响或者破坏本身就属于一个交叉学科的研究内容，需要综合运用自然科学领域中的海洋工程、海洋灾害、海洋物理、海洋环境等学科的知识；同时需要具备社会科学领域中的海洋资源开发管理、应急管理、综合管理、灾害经济学等学科的知识来多个视角、全方位发现问题、分析问题、解决问题。在现有理论研究的基础上，本书结合系统理论、海洋灾害理论、海洋资源开发理论、协同学、博弈论、控制论等科学理论，深入剖析海洋灾害影响近海海洋资源开发的致灾机理；根据致灾机理特点，构建海洋灾害影响我国近海海洋资源开发的定量测度模型和定性分析测度指标体系，并运用测度体系得到测度结果；根据测度结果，在借鉴发达国家海洋资源开发、海洋灾害管理经验的基础上，结合我国国情和海情，优化我国现有的海洋资源开发御灾管理运行模式，形成政府主导、企业民众参与、社会舆论监督的全灾种、全过程、全方位、全天候、全人员和全社会的御灾管理模式，以海洋灾害的预测预报预警→防范避险救援救助→反馈强化提高为主线的海洋灾害防御模式，从法律、管理、技术等多个层面对近海海洋资源开发活动进行管理和保障。从某种程度上说，这对近海海洋资源开发管理以及近海海洋灾害管理的理论体系有一定程度的补充和完善。

9.3 研究展望

本书在对海洋资源开发相关概念、海洋灾害致灾机理界定的基础上，测度了海洋灾害影响近海海洋资源开发的破坏程度和风险大小，借鉴发达国家海洋资源开发御灾管理经验，得到我国近海海洋资源开发的管理路径，所得结论对完善海洋资源开发活动有一定的积极意义。但由于近海海洋资源开发御灾管理属于交叉学科研究，加之笔者能力、精力和时间所限，研究尚有诸多不足和待完善提高的地方，许多工作需要进一步深入研究。

1）海洋灾害影响近海海洋资源开发测度体系中，为了使得测度体系能够反映出更加客观、准确的测度结果，定量计算模型需要考虑更多灾害影响参数，定量分析指标体系中指标值的计算需要运用更加客观、严谨的数学计算方法。这些有待后续研究过程中，结合我国近海海洋资源开发活动的特点、海洋灾害的属性进一步完善。

2）我国近海 11 个省（自治区、直辖市）的海洋观测台站积累了大量翔实的海洋观测资料，但是由于收集到海洋观测站实测海况资料较为有限，处理实测数据所得计算样本输入计算模型后，得到的计算结果反映的是一个点范围的海洋灾害影响程度和致灾风险大小，需要处理更多的海况实测数据得到更加全面的计算样本，输入模型得到整个区域海洋灾害的影响程度和致灾风险程度，进而提高预测的准确程度和御灾管理对策的严谨性。

3）在后续研究过程中，海洋灾害影响我国近海海洋资源开发的测度体系，需要结合 GIS 技术，根据我国东部沿海 11 个省（自治区、直辖市）的海洋灾害影响海洋资源开发的测度结果，建立海洋灾害影响近海海洋资源开发 GIS。通过该 GIS 全面、准确、直观地反映出某一区域某种海洋灾害的破坏程度和风险情况，并且需要反映出翔实的应对措施，使得研究结果更具实际应用价值。

参考文献

[1] 辛仁臣，刘豪．海洋资源[M]．北京：中国石化出版社，2008.

[2] 朱晓东，李杨帆，吴小根，等．海洋资源概论[M]．北京：高等教育出版社，2006.

[3] 段晓峰，许学工．海洋资源开发利用综合效益的地区差异评估[J]．北京大学学报（自然科学版），2009，45（6）：1055-1060.

[4] 史道济．实用极值统计方法[M]．天津：天津科学技术出版社，2006.

[5] 刘德辅，董胜．随机工程海洋学[M]．青岛：中国海洋大学出版社，2004.

[6] 杜栋，庞庆华，吴炎．现代综合评价方法与案例精选[M]．2 版．北京：清华大学出版社，2008.

[7] READ P, FERNANDES T. Management of environmental impacts of marine aquaculture in Europe[J].Aquaculture,2003,226: 139-163.

[8] SIDE J, JOWITT P. Technologies and their influence on future UK marine resource development and management[J]. Marine policy,2002,26:231-241.

[9] MONTERO G G.The Caribbean:main experiences and regularities in capacity building for the management of coastal areas[J]. Ocean and coastal management,2002,45: 677-693.

[10] 陆杰华，蔡文媚，李建新，等．我国人口与海洋渔业资源系统仿真模型的构建[J]．人口与经济，2002（3）：3-10.

[11] 董双林，李德尚，潘克厚．论海水养殖的养殖容量[J]．青岛：海洋大学学报，1998，28（2）：253-258.

[12] 刘兰，鲍洪彤．我国海洋矿产资源可持续利用探析[J]．沿海企业与科技，2000（5）：36-37.

[13] 陈吉余，陈沈良，何继红．上海促进海洋产业与可持续发展的建议[J]．海洋开发与管理，2002，19（4）：37-40.

[14] 王诗成．关于实施海洋可持续发展战略的思考[J]．海洋信息，2001（3）：23-25.

[15] 蒋铁民，王志远．环渤海区域海洋经济可持续发展研究[M]．北京：海洋出版社，2000.

[16] 徐朝旭．论我国海洋经济的可持续发展[J]．中国经济问题，1997（2）：48-52.

[17] 安晓宁．我国海洋资源环境现状及其可持续利用[J]．中国生态农业学报，1999,7（2）：1-5.

[18] 孙吉亭．论我国海洋资源可持续利用的基本内涵与意义[J]．海洋开发与管理，2000，17（4）：28-31.

[19] 叶敏．海洋环境保护与可持续发展[J]．江苏科技信息，2000（2）：43-44.

[20] 陈艳，徐占功，慕永通．激励手段与海洋资源的可持续利用与管理：兼析澳大利亚海洋政策的政策手段[J]．生态经济（中文版），2011，（3）：161-167，191.

[21] 杨廼裕．广西北部湾海洋资源利用现状与开发策略研究[J]．学术论坛，2011（5）：154-158.

[22] 王振荣，兰江华，王菲菲．中国海洋国土的确定及矿产资源[J]．矿物岩石，2010，30（3）：1-14.

[23] 张珺．中国常规能源构成：海洋能资源观察[J]．新建设：现代物流旬上刊，2011，10（4）：103-105.

[24] 赵丽丽．绿色 GDP 与我国海洋资源可持续开发[J]．中国渔业经济，2009，27（1）：21-24.

[25] 马涛，陈家宽．海洋资源的多样性、经济特性和开发趋势[J]．经济地理，2006，26（S1）：301-303.

[26] 郑贵斌．海洋资源开发战略位理论与开发战略整合[J]．山东社会科学，2006（8）：17-19.

[27] 郑贵斌．海洋资源开发集成战略与海洋经济可持续创新发展[J]．理论导刊，2006（6）：37-39.

[28] 徐杏．海洋经济理论的发展与我国的对策[J]．海洋开发与管理，2002，19（2）：37-40.

[29] 张德贤．海洋经济可持续发展理论研究[M]．青岛：青岛海洋大学出版社，2000.

[30] 王芳，栾维新．我国海洋资源开发活动中存在的问题与建议[J]．中国人口·资源与环境，2001（S2）：33-35.

[31] 谢素美，徐敏．科学发展观与海洋资源开发利用[J]．海洋开发与管理，2006，23（6）：92-95.

[32] 马志荣．新世纪中国海洋资源开发与管理的战略思考[J]．海洋开发与管理，2005，22（4）：7-11.

[33] 孙群力．山东海洋经济发展的思考与建议[J]．宏观经济管理，2007（4）：59-60.

[34] 白福臣，贾宝林．近年国内海洋资源可持续利用研究述评[J]．渔业现代化，2011，38（3）：62-64.

[35] 孙颖士，邓松岭．近年海洋灾害对我国沿海渔业的影响[J]．中国水产，2009（9）：18-20.

[36] 刘佳，李双建．世界主要沿海国家海洋规划发展对我国的启示[J]．海洋开发与管理，2011，28（3）：1-5.

[37] 连琏，孙清，陈宏民．海洋油气资源开发技术发展战略[J]．中国人口、资源与环境，2006，16（1）：66-70.

[38] 张开城．粤浙两省海洋文化资源开发利用的思考[J]．特区经济，2011（4）：272-274.

[39] 於贤德．论海洋旅游的资源开发及其人文意义[J]．浙江学刊，2010（6）：162-166.

[40] 王林昌，邢可军．海洋油气开发对渔业资源的影响及对策研究[J]．中国渔业经济，2009，27（3）：34-40.
[41] 马婧．国际海洋生物资源保护的新趋势：建立海洋自然保护区[J]．农业经济问题，2007（S1）：192-199.
[42] 刘波．江苏海洋资源综合开发与推进措施研究[J]．安徽农业科学，2011，39（1）：412-413，416.
[43] 邵桂兰，梁晓．蓝色经济区建设中的海洋战略资源开发研究[J]．中国渔业经济，2010，28（3）：81-86.
[44] 郑贵斌，刘娟，牟艳芳．山东海洋文化资源转化为海洋文化产业现状分析与对策思考[J]．海洋开发与管理，2011（3）：90-94.
[45] 张润秋．辽宁省海洋资源可持续利用系统动力学模型构建及应用[J]．海洋湖沼通报，2010（4）：23-33.
[46] 张耀光，韩增林，刘锴，等．海洋资源开发利用的研究[J]．自然资源学报，2010，25（5）：785-794.
[47] 楼东，谷树忠，钟赛香．中国海洋资源现状及海洋产业发展趋势分析[J]．资源科学，2005，27（5）：20-26.
[48] 马彩华，游奎，戴桂林．渤海海洋资源可持续利用研究[J]．中国工程科学，2010，12（6）：90-93.
[49] 高亚峰．中国与加拿大海洋地质灾害类型之比较研究[J]．海洋信息，2007（3）：13-14，30.
[50] 赵红艳，陈晔．江苏沿海主要海洋灾害分析与减灾对策[J]．安徽农业科学，2009，37（4）：1686-1688.
[51] 蔡一声．关于浙江椒江海洋灾害应急管理研究[J]．海洋开发与管理，2008，25（10）：88-90.
[52] 王四海，孙运宝．俄罗斯海洋大陆架油气资源现状与潜力探析[J]．海洋科学，2010，34（8）：92-98.
[53] 宋国明．英国海洋资源与产业管理[J]．国土资源情报，2010（4）：6-10.
[54] 张秋明．国外海洋资源管理经验：美国外陆架环境政策[J]．国土资源情报，2008（3）：9-13.
[55] 赵世明，姜波，徐辉奋，等．中国近海海洋风能资源开发利用现状与前景分析[J]．海洋技术学报，2010，29（4）：117-121.
[56] 江文荣，周雯雯，贾怀存．世界海洋油气资源勘探潜力及利用前景[J]．天然气地球科学，2010，21（6）：989-995.
[57] 高亚峰．海洋矿产资源及其分布[J]．海洋信息，2009（1）：13-14.
[58] 郭景朋，王雪梅．美国海洋文化的基本理论和主要概念[J]．海洋开发与管理，2010，27（8）：67-69.
[59] 杨永增，孙玉娟，王关锁，等．基于 MASNUM 海浪预报系统的北印度洋波浪特征模拟与预报分析[J]．海洋科学进展，2011，29（1）：1-9.
[60] 孙鹏，朱坚真．海洋资源开发的经济学分析[J]．中国渔业经济，2010，28（3）：87-93.
[61] 于谨凯，林逢珠，单春红．海洋不可再生资源可持续开发的系统动力学机制研究：以海洋石油资源为例[J]．太平洋学报，2010，18（9）：83-89.
[62] 忻海平．海洋资源经济价值的模型分析[J]．海洋开发与管理，2008，25（5）：7-12.
[63] 王华，姚圣康，龚茂珣，等．东海区域灾害性海浪长期预测方法研究[J]．海浪通报， 2007，26（5）：35-42.
[64] 陈红霞，华锋，袁业立．中国近海及临近海域海浪的季节特征及其时间变化[J]．海洋科学进展， 2006，24（4）：407-415.
[65] 尹宝树，徐艳青，任鲁川，等．黄河三角洲沿岸海浪风暴潮耦合作用漫堤风险评估研究[J]．海洋与湖沼，2006，37（5）：457-463.
[66] 齐义泉，张志旭，李志伟，等．人工神经网络在海浪数值预报中的应用[J]．水科学进展， 2005，16（1）：32-35.
[67] 许富祥，吴学军．灾害性海浪危害及分布[J]．中国海事，2007，16（4）：65-66.
[68] 许富祥，韦锋余，邢闯．090415 渤海黄海北部灾害性海浪风暴潮过程灾情成因分析及灾后反思[J]．海洋预报，2009，26（3）：38-44.
[69] 熊德琪，廖国祥，姜玲玲，等．溢油污染对海洋生物资源损害的数值评估模式[J]．大连海事大学学报，2007，33（3）：68-73.
[70] 郑慧，赵昕．海洋灾害经济损失的模糊测定：以风暴潮为例[J]．中国渔业经济，2009，27（4）：105-110.
[71] 孙璐，黄楚光，蔡伟叙，等．热带风暴 GONI 活动期间南海上层热结构变化及海浪、风暴潮特征分析[J]．海浪通报，2011，30（1）：16-22.
[72] 叶雨颖，潘伟然，张国荣，等．福建东山湾海浪现场观测的统计特征[J]．厦门大学学报（自然科学版），2007，46（3）：386-389.
[73] 冯芒，沙文钰，朱首贤．近岸海浪几种数值计算模型的比较[J]．海洋预报，2003，20（1）：52-59.
[74] 陈子燊．波高与风速联合概率分布研究[J]．海洋通报，2011，30（2）：158-163.
[75] 陈子燊，刘曾美，路剑飞，等．基于广义极值分布的设计波高推算[J]．热带海洋学报，2011，30（3）：24-29.
[76] 陈子燊，李志龙，冯砚青，等．近岸带波高与周期分布的核密度估计[J]．海洋与湖沼，2007，38（2）：97-103.

[77] 董胜，郝小丽，樊敦秋．海洋工程设计风速与波高的联合分布[J]．海洋学报，2005，27（3）：85-89.
[78] 周道成，段忠东．耿贝尔逻辑模型在极值风速和有效波高联合概率分布中的应用[J]．海洋工程，2003，21（2）：45-51.
[79] 贺义雄．我国海洋综合管理新体制构建探讨[J]．中国渔业经济，2010，28（3）：10-17.
[80] 孟庆武，任成森．论山东半岛蓝色经济区建设过程中海洋资源的科学开发[J]．海洋开发与管理，2011，28（1）：58-62.
[81] 庄丽芳，薛雄志．基于ICM的厦门市海洋灾害综合风险管理[J]．海洋开发与管理，2011，28（5）：68-73.
[82] 赵广涛，谭肖杰，李德平．海洋地质灾害研究进展[J]．海洋湖沼通报，2011（1）：159-164.
[83] 茅克勤，车助镁，于淼．CORS测量技术在浙江省沿海重点区域海洋灾害风险评估中的应用[J]．海洋开发与管理，2011，28（1）：23-25.
[84] 高华喜．我国海洋灾害的风险预测研究[J]．海洋开发与管理，2010，27（7）：92-96.
[85] 叶祥凤，朱胜．我国海洋灾害的类型、危害及对建立灾害统计体系的探索[J]．科学咨询：决策管理，2010（2）：27-28.
[86] 董月娥，左书华．1989年以来我国海洋灾害类型、危害及特征分析[J]．海洋地质动态，2009，25（6）：28-33.
[87] 左书华，李蓓．近20年中国海洋灾害特征、危害及防治对策[J]．气象与减灾研究，2008，31（4）：28-31.
[88] 叶涛，郭卫平，史培军．1990年以来中国海洋灾害系统风险特征分析及其综合风险管理[J]．自然灾害学报，2005，14（6）：65-70.
[89] 杜立彬，王军成，孙继昌．区域性海洋灾害监测预警系统研究进展[J]．山东科学，2009，22（3）：1-6.
[90] 齐平．我国海洋灾害应急管理研究[J]．海洋环境科学，2006，25（4）：81-84.
[91] 姜国建．对比研究中国和美国的海洋灾害预报机制和管理体制[J]．海洋开发与管理，2006，23（6）：30-34.
[92] 王爱军．近年来我国海洋灾害损失及防灾减灾策略[J]．江苏地质，2005，29（2）：98-101.
[93] 陈镜亮，张小霖，陈铭，等．日本大地震给海洋防灾减灾工作的警示[J]．海洋开发与管理，2011，28（6）：76-78.
[94] 白佳玉．浅谈英国海上溢油事故应急处理机制[J]．海洋开发与管理，2010，27（10）：62-65.
[95] 高志一，于福江，许富祥．海浪预报三维动画计算原理与制作方法[J]．海洋通报，2011，30（2）：172-178.
[96] 颜梅，范宝东，满柯，等．黄渤海大风的客观相似预报[J]．气象科技，2004，32（6）：467-470.
[97] 尹尽勇，刘涛，张增海，等．冬季黄渤海大风天气与渔船风损统计分析[J]．气象，2009，35（6）：90-95.
[98] 刘德辅，庞亮，谢波涛，等．卡特里娜飓风的启示：有关海洋和水利工程的风险分析[J]．中国工程科学，2007，9（10）：24-29.
[99] 刘德辅，庞亮，谢波涛，等．中国台风灾害区划及设防标准研究：双层嵌套多目标联合概率模式及其应用[J]．中国科学E辑：技术科学，2008，38（5）：698-707.
[100] 刘德辅，王莉萍，宋艳，等．复合极值分布理论及其工程应用[J]．中国海洋大学学报（自然科学版），2004，34（5）：893-902.
[101] 葛耀君，赵林，项海帆，等．基于极值风速预测的台风数值模型评述[J]．自然灾害学报，2003，12（3）：31-40.
[102] 陈朝晖，ERIK V M，孙毅，等．常规风与飓风的极值风速预测模型评述[J]．自然灾害学报，2008，17（5）：158-163.
[103] 崔云，孔纪名，田述军，等．强降雨在山地灾害链成灾演化中的关键控制作用[J]．山地学报，2011，29（1）：87-94.
[104] 余世舟，张令心，赵振东，等．地震灾害链概率分析及断链减灾方法[J]．土木工程学报，2010，43（S1）：479-483.
[105] 李发文，冯平，刘超．基于谐波周期法的洪水灾害链分析[J]．天津大学学报（自然科学与工程技术版），2011，44（1）：46-50.
[106] 陈香，陈静，王静爱．福建台风灾害链分析：以2005年“龙王”台风为例[J]．北京师范大学学报（自然科学版），2007，43（2）：203-208.
[107] 范海军，肖盛燮，郝艳广，等．自然灾害链式效应结构关系及其复杂性规律研究[J]．岩石力学与工程学报，2006，25（S1）：2603-2611.
[108] 刘文方，肖盛燮，隋严春，等．自然灾害链及其断链减灾模式分析[J]．岩石力学与工程学报，2006，25（S1）：2675-2681.
[109] MARCO C，高健，陈林生．海洋经济：海洋资源与海洋开发[M]．上海：上海财经大学出版社，2011.
[110] 许小峰，顾建峰，李永平．海洋气象灾害[M]．北京：气象出版社，2009.
[111] 张我华，王军，孙林柱，等．灾害系统与灾变动力学[M]．北京：科学出版社，2011.
[112] 李家彪．中国区域海洋学：海洋地质学[M]．北京：海洋出版社，2012.
[113] 唐启升．中国区域海洋学：渔业海洋学[M]．北京：海洋出版社，2012.
[114] 黄良民．中国海洋资源与可持续发展[M]．北京：科学出版社，2007.

[115] 张继权，李宁．主要气象灾害风险评价与管理的数量化方法及其应用[M]．北京：北京师范大学出版社，2007.
[116] 邹铭，范一大，杨思全，等．自然灾害风险管理与预警体系[M]．北京：科学出版社，2010.
[117] 史培军．五论灾害系统研究的理论与实践[J]．自然灾害学报，2009，18（15）：1-9.
[118] 赵昌文．应急管理与灾后重建：5 • 12 汶川特大地震若干问题研究[M]．北京：科学出版社，2011.
[119] Federal Response Plan(FRP)1999[EB/OL]. [2009-01-11]. http://fema.gov/Pdf/rrr/frp/.
[120] 计雷，池宏，陈安，等．突发事件应急管理[M]．北京：高等教育出版社，2006.
[121] 詹姆士 • 米切尔．美国的灾害管理政策和协调机制[M]．刘姝，译．北京：中国社会出版社，2005.
[122] BLANCHARD, WAYNE B, CANTON, LUCIEN C, et al. Principles of emergency management supplement[R].Research Gate, 2007.
[123] 陈安，赵燕．我国应急管理的进展与趋势[J]．安全，2007，28（03）：1-4.
[124] 闪淳昌，张彦通，胡象明，等．应急管理：中国特色的运行模式与实践[M]．北京：北京师范大学出版社，2011.
[125] 刘燕华．加强综合风险管理研究推进综合风险管理的实施[J]．自然灾害学报，2007，16（21）：14-16.
[126] 中国国家海洋局．2016 年中国海洋灾害公报[R/OL]．[2017-03-22] http//www.soagov.cn.
[127] 高艳．海洋综合管理的经济学基础研究：兼论海洋综合管理体制创新[D]．青岛：中国海洋大学，2004.
[128] 沈文周．中国近海空间地理[M]．北京：海洋出版社，2006.
[129] 中国国家海洋局．中国海洋灾害公报[R/OL]．[2017-07-02] http//www.soa.gov.cn.
[130] 中国国家海洋局．中国海洋经济统计公报[R/OL]．[2017-07-02] http//www.soa.gov.cn.
[131] 中国国家海洋局．中国海洋环境质量公报[R/OL]．[2017-07-02] http//www.soa.gov.cn.
[132] 包澄澜．海洋灾害及预报[M]．北京：海洋出版社，1991.
[133] 杜军．中国海岸带灾害地质风险评价及区划[D]．青岛：中国海洋大学，2009.
[134] 刘守全，张明书．海洋地质灾害研究与减灾[J]．中国地质灾害与防治学报，1998，9（Z）：159-163.
[135] 蒋树声．防灾减灾与可持续发展[M]．北京：群言出版社，2011.
[136] 邱大洪．工程水文学[M]．北京：人民交通出版社，1999.
[137] 交通部第一航务工程勘察设计院．海港水文规范（JTJ 213—98）．北京：人民交通出版社，1998.
[138] 刘德辅，董胜．随机工程海洋学[M]．青岛：中国海洋大学出版社，2004.
[139] 李景龙．强风影响下的工程设防标准研究[D]．青岛：中国海洋大学，2007.
[140] SMITH R L.Extreme value theory based on the r largest annual events[J].J Hydrol Engineering, 1986,86:27-43.
[141] SOARES C G, SCOTTO M G.Application of the r largest-order statistics for long-term predictions of significant wave height[J]. Coast Engineering, 2004,51:387-394.
[142] NADARAJAH S.Extremes of daily rainfall in west central Florida[J].Clim Change, 2005,69:325-342.
[143] AN Y, PANDEY M D. A comparison of methods of extreme wind speed estimation[J]. Journal of Wind Engineering and Industrial Aerody-namics, 2007, 95: 165-182
[144] COLES S. An Introduction to Statistical Modeling of Extreme Values[M].Berlin:Springer, 2001.
[145] 铁永波，唐川，周春花．层次分析法在城市灾害应急能力评价中的应用[J]．地质灾害与环境保护，2005（4）：433-437.
[146] 杨青，田依林，宋英华．基于过程管理的城市灾害应急管理综合能力评价体系研究[J]．中国行政管理，2007（3）：103-106.
[147] North Carolina Division of Emergency Management. Local Hazard Mitigation Planning Manual [EB/OL].[1998]. http:// www. ncem.org /.
[148] 刘新建，陈晓君．国内外应急管理能力评价的理论与实践综述[J]．燕山大学学报，2009（3）：271-275.
[149] 凌学武．三维立体的政府应急管理能力评估指标体系研究[J]．武汉理工大学学报（社会科学版），2010，23（3）：303-307.
[150] 王绍玉．城市灾害应急管理能力建设[J]．城市与减灾，2003（3）：4-6.
[151] 王学栋．论我国政府对自然灾害的应急管理[J]．软科学，2004，18（3）：47-68.
[152] 齐平．我国海洋灾害应急管理研究[J]．海洋环境科学，2006，25（4）：81-87.
[153] 李宁，周扬，张鹏，等．中国自然灾害应急法律体系的数量差异分析[J]．自然灾害学报，2012，21（4）：1-7.

[154] 张斌，陈建国，吴金生，等．台风灾害应急物资需求预测模型[J]．清华大学学报（自然科学版），2012，52（7）：891-895．
[155] 吴浩云，金科．太湖流域水灾害应急对策研究[J]．中国水利，2012（13）：40-43．
[156] 郑双忠，邓云峰．城市突发公共事件应急能力评估体系及其应用[J]．辽宁工程技术大学学报，2006（6）：943-946．
[157] 张海波，童星．应急能力评估的理论框架[J]．中国行政管理，2009（4）：33-37．
[158] 曹海林，陈玉清．我国灾害应急管理信息沟通的现实困境及其应对[J]．电子科技大学学报（社会科学版），2012，14（3）：20-24．
[159] 吴新燕．城市地震灾害风险分析与应急准备能力评价体系的研究[D]．北京：中国地震局地球物理研究所，2006．
[160] 铁永波，唐川．城镇地质灾害应急响应能力评价[J]．自然灾害学报，2009，18（2）：139-145．
[161] 闪淳昌．加强综合防灾减灾建立全灾害应急管理模式[J]．中国减灾，2012，184（7）：4-7．
[162] 田依林，杨青．基于 AHP-DELPHI 法的城市灾害应急能力评价指标体系模型设计[J]．武汉理工大学学报（交通科学与工程版），2008，32（1）：168-171．
[163] 刘传铭，王玲．政府应急管理组织绩效评测模型研究[J]．哈尔滨工业大学学报（社会科学版），2006，8（1）：64-65．
[164] 徐梦珍，王兆印，施文婧，等．汶川地震引发的次生山地灾害链：以火石沟为例[J]．清华大学学报：自然科学版，2010，50（9）：1338-1341．
[165] ISDR.Living with risk:a global review of disaster reduction initiatives[R]. Geneva: International Strategy for Disaster Reduction Secretariat,2002.
[166] UNDP.Human development report 2004:cultural liberty in todays diverse world[R]. New York: United Nations Development Programme, 2004.
[167] 盛骤，谢式千，潘承毅．概率论与数理统计[M]．北京：高等教育出版社，2000．
[168] 冯有良．基于风向的建筑工程设防风速预测研究[D]．青岛：中国海洋大学，2010．
[169] 孙悦民．美国海洋资源政策建设的经验及启示[J]．海洋信息，2012（6）：53-57．
[170] 姜旭朝，王静．美日欧最新海洋经济政策动向及其对中国的启示[J]．中国渔业经济，2009，27（2）：22-28．
[171] 郭济．中央和大城市政府应急机制建设[M]．北京：中国人民大学出版社，2005．
[172] 中国安全生产科学研究院．中国安全生产科学研究院赴美考察团美国的应急管理体系（上）[J]．劳动保护，2006，（5）：90-92．
[173] 晏清，袁平红．英国海洋可再生能源发展及其对中国的启示[J]．企业经济，2012，385（9）：114-118．
[174] 胡杰．海权危机背景下的英国海洋战略理论[J]．中国海洋大学学报（社会科学版），2012（4）：59-62．
[175] 徐嘉蕾，李悦铮．日本海洋经济经营管理模式、特点及启示[J]．海洋开发与管理，2010，27（9）：67-69．
[176] 姜雅．日本的海洋管理体制及其发展趋势[J]．国土资源情报，2010（2）：7-10．
[177] 王德迅．日本危机管理体制的演进及其特点[J]．国际经济评论，2007（4）：47-49．
[178] 姚国章．日本突发公共事件应急管理体系解析[J]．电子政务，2007（7）：60．
[179] 傅世春．日本应急管理体制的特点[J]．党政论坛，2009（4）：2．
[180] 顾林生．东京大城市防灾应急管理体系及启示[J]．防灾技术高等专科学校学报，2005（6）：7．
[181] 黄典剑，李传贵．国外应急管理法制若干问题初探[J]．职业卫生与应急救援，2008（2）：3．
[182] 窦博．俄罗斯海洋发展前景展望[J]．中国海洋大学学报（社会科学版），2008（2）：25-29．
[183] 左凤荣．俄罗斯海洋战略初探[J]．外交评论，2012（5）：125-139．
[184] 陈良武．俄罗斯海洋安全战略的主要特点[J]．理论参考，2012（4）：27-29．
[185] 左凤荣，张新宇．俄国现代化进程中的海洋战略[J]．国际关系学院学报，2011（6）：71-78．
[186] 郭渐强，霍晓娣．俄罗斯公共危机管理机制的特点及其对我国的启示[J]．行政与法，2009（1）：11．
[187] 姚国章．典型国家突发公共事件应急管理体系及其借鉴[J]．南京审计学院学报，2006（5）：5-9．
[188] 邹逸江．国外应急管理体系的发展现状及经验启示[J]．灾害学，2008（3）：98．
[189] 熊文美．美日俄中四国地震医疗救援应急管理比较[J]．中国循证医学杂志，2008（8）：569．
[190] 冯有良，高强，高乐华．山东近岸黄海极值风速预测及防灾建议[J]．海洋环境科学，2012（4）： 581-585．
[191] 冯有良，高强，王欣玲．近岸黄海灾害性海浪预测及预防：基于方向和极值的预测[J]．中国渔业经济，2012（5）：32-36．

[192] 张东江．构建中国特色灾害应急体系应建立灾害应急学[J]．中国减灾，2012，182（6）：52.

[193] 唐敏康，冀琳彦，王洪昌．关于灾害应急机制的思考[J]．城市减灾，2005（3）：22-24.

[194] 吴佩英，王荷兰．国内外主要灾害应急救援能力探析[J]．消防技术与产品信息，2012（2）：23-27.

[195] 曹玮，肖皓，罗珍．基于“三预”视角的区域气象灾害应急防御能力评价体系研究[J]．情报杂志，2012，31（1）：57-64.

[196] 温廷新，王俊俊．完善我国自然灾害应急体系[J]．价值工程，2011（3）：301-302.

[197] 吕行．美国灾害应急机制及其对我国防汛抗旱应急管理的启示[J]．中国防汛抗旱，2011，21（5）：69-72.

[198] 杜桥省，唐晓轲．自然灾害应急体系建设比较研究[J]．今传媒，2011（10）：147-148.

[199] 郭皓，陈彩虹，曹轶，等．自然灾害应急管理中的非政府组织[J]．华北地震科学，2011，29（3）：13-18.

[200] 申瑞瑞，融燕．日本自然灾害应急机制对我国政府的启示[J]．北京电子科技学院学报，2011，19（3）：55-62.

[201] 刘三超．物联网技术在灾害应急救助中的应用[J]．中国减灾，2011（9）：8-9.

[202] 刘宣材．我国自然灾害应急管理存在的问题和对策[J]．湖南安全与防灾，2011（15）：52-53.

[203] 丘小春．灾害应急管理体系的现状及完善措施[J]．广西民族大学学报（自然科学版），2010（12）：112-117.

[204] 张鹏，李宁，范碧航，等．近30年中国灾害法律法规文件颁布数量与时间演变研究[J]．灾害学，2011，26（3）：109-114.